贵妃鸡高效益养殖与繁育技术

主　编　曹晏青　张志新
副主编　陈宗刚　张秀娟
编　委　李志和　王桂芹　李素洁
　　　　赵素英　王　祥　王凤芝
　　　　陈亚芹　韩　雪

科学技术文献出版社
Scientific and Technical Documents Publishing House
北　京

(京)新登字130号

内 容 简 介

贵妃鸡集美食、观赏、滋补、保健于一体,具有适应性广、易饲养、繁殖力强等特点,经数年饲养推广,已被国家经济动物协会列为首先推广的珍禽品种之一。本书主要介绍贵妃鸡饲养所需场地及设备、饲料加工配制、繁育技术、日常饲养管理、疾病的防治等技术。可供饲养专业户参考,也可供科研人员和农业院校师生阅读参考。

目　录

第一章　贵妃鸡养殖概述

贵妃鸡又名贵妇鸡(彩图 1),原产于英国,主要分布于英国、法国、荷兰等欧洲国家,是欧洲名优特禽品种。20 世纪 90 年代末引入我国后,经广东海洋大学家禽育种中心经过多年努力,选育出国内外第一个贵妃鸡自别雌雄配套系,从而为贵妃鸡的研究、创新、育种、养殖及开发应用赋予新的内涵,使贵妃鸡的身价更高贵、前景更广阔、发展更具潜力,现已推广到北京、上海、重庆、湖南、江西、广东、广西、江苏、山东、山西、云南、四川、新疆、浙江、福建、河南等省市自治区。

贵妃鸡肉质鲜嫩、瘦肉率高、皮薄肉香、味美汤靓,富含 17 种氨基酸,10 余种微量元素,是一种高蛋白、低脂肪的理想保健食品,被誉为“禽中珍品”。特别是“抗癌之王”硒元素含量和抗衰老剂维生素 E 的含量超过普通家鸡 35 倍,经常食用有美容、抗衰老、抗癌等独特功效,因而有“滋补胜甲鱼、养伤赛白鸽、美容如珍珠”之美誉,深受国内外市场的欢迎。

贵妃鸡蛋(彩图 2),蛋壳白里透红,蛋白质、钙、磷、铁、核黄素均高于普通鸡蛋,含有 16 种氨基酸,其中 8 种是人体必需氨基酸,其中谷氨酸和赖氨酸的含量是普通鸡蛋的 2 倍,甘氨酸、苏氨酸是普通鸡蛋的 1.8 倍,同时还富含婴幼儿生长发育所必需的脑磷脂,胆固醇含量适中,蛋白质质地好,极易消化吸收,是老人、儿童极好的营养补品之一。

第一节 贵妃鸡的生物学特性

贵妃鸡作为珍禽的一种，尚存一定的野性，适应性广，抗逆性强，除具有家鸡的一切特性外，还具有其独特的特性。

一、形态特征

贵妃鸡对各种应激因素反应敏感，动作敏捷，活泼，爱攀高和飞跳，带有一定的野性。

贵妃鸡体型娇小，外观独特，体态轻盈。雏鸡(彩图3、彩图4)外貌像小番鸭，喙基部宽大而微直，鼻孔、眼睛比一般家鸡大，头上有一顶向上散开的小绒毛冠，全身羽毛以黄白为基色，配以从羽冠中央开始延伸至颈、肩、背部连片呈黑色的绒羽，形成黑白明显相映的耀目绒羽。

贵妃鸡鸡冠奇特，成年公鸡更为明显，冠形为羽毛冠，冠体为豆冠，冠体前有一独特锥形小冠体，两侧各有一个圆形下凹像豌豆形状的发达肉质体，延伸为“V”形的肉质角状冠，色泽鲜红、滋润。其后侧的形似球体的大朵黑白花片羽束，犹如贵妇的帽子，因而得名贵妇鸡。

贵妃鸡外貌艳丽、优雅可爱，头似烫发凤冠，长有胡须遮盖脸部，全身羽毛基色为黑色，其上白色飞花不规则分布于体羽上，头、胸部较密集。喙短小，呈浅肉色，纯种公鸡的脚有6趾，母鸡的脚有5趾，异化的有4～6趾不等。腹部淡肉色，有少许黑斑，尾稍上翘。

二、生活习性

1. 性情温顺

贵妃鸡腿短、翅短，因此不善高飞，活动量小，性情温顺，合群性强，可以大群圈养或放养，适合庭院饲养及专业化鸡场的集约化饲养；喜欢与人接近，便于预防接种和日常管理。

2. 抗逆性强

贵妃鸡有很强的抗寒和耐热性能，在我国大多数地区都能正常生长，贵妃鸡抗病力强、育成率高、生长快，商品鸡 90～120 日龄即可上市。

3. 富有神经质

贵妃鸡动作敏捷，性情活泼，尚有一定的野性。受到惊吓便会飞窜逃离，如在产蛋期，会引起产蛋率和孵化率下降。所以饲养过程中，应保持环境安静。贵妃鸡体轻，具有一定的飞翔能力，人工养殖时，必须设置 2～3 米高的围栏(可不设置天网)或拉尼龙网，以防止逃逸。

4. 抗病力较强

贵妃鸡对家鸡的所有疾病都可感染，但经过用药后往往康复较快，成活率较高；对传染性法氏囊病较敏感，应注意预防。

5. 抱性弱

贵妃鸡已基本丧失抱性，偶尔也有短时间的就巢行为，但不能自然孵化，因此必须进行人工孵化，符合现代优质禽育种与生产方向。

6. 食性广、生长快

贵妃鸡可以采食各种植物的籽实及一些小的昆虫等，还可啄食一些青绿饲料。因此可饲喂玉米、稻谷、大小麦、糠麸、青绿饲料、蚯蚓、蝇蛆、黄粉虫等，但其对粗纤维的消化能力弱，日粮配合中，应以易消化、高营养、低粗纤维的饲料为宜。

7. 合群性好，不好争斗

贵妃鸡常成群聚居在一起，合群性好，不爱打斗，但在饲养过程中，如原有群序被打乱时，可引起全群鸡争斗，重新建立群序。若有贵妃鸡飞逃出去，它也只会在鸡群附近徘徊，发现后把它带回即可，这也是不设天网的原因。

8. 怕潮湿，爱沙浴

贵妃鸡十分喜欢沙浴和登高，因此运动场或鸡舍至少 1/3 地方要铺上粗沙子和设木栖架，以便贵妃鸡沙浴和架栖。

9. 趋光性

贵妃鸡有一定的趋光性，夜间舍内开灯后，即能成群入舍。可利用它的这一特点，在傍晚开灯，让其自己进入舍内。

10. 不喜欢在蛋箱内产蛋

喜欢在沙地上挖小坑产蛋，有时几只鸡同时挤在一个沙坑内产蛋，所以可以舍内设置沙池以供其产蛋。

三、生产及繁殖特性

种鸡 150 日龄左右可开产，每只母鸡年产蛋量 150～180 枚，蛋壳乳白色，平均蛋重 40 克，蛋型呈长椭圆形。成年母鸡体重 1.1～1.25 千克，公鸡 1.5～1.75 千克。种鸡多采用自然交配方式，公母比例为 1∶(8～10)。在良好的饲养管理条件下，每年 3 月份至翌年 2 月份都能产蛋，3～8 月份种蛋受精率和孵化率约为 90%，9 月份至翌年 2 月份约为 80%，商品代鸡育雏成活率高达 95%。

贵妃鸡生长快，100 日龄体重可达 1 千克，商品鸡 90～120 日龄体重 900～1200 克时即可上市，适合家庭食用。商品鸡肌肉纤维细微、皮薄，鸡味浓郁、香脆而爽，腿部肌肉脂肪丰富而均匀，腹部脂肪沉积少，但饲养期超过 120 天后，肉质逐渐变韧。

四、经济学特性

贵妃鸡高蛋白、低脂肪，是集营养、美味、滋补、美容、益智于一体的肉食保健品，具有独特的滋补作用和观赏价值。

1. 肉质营养高，口味好

贵妃鸡肉营养丰富，为理想的优质肉用珍禽，瘦肉率高，味道鲜美，口感爽脆，香味浓郁。其腿部肌肉间脂肪丰富而均匀，腹脂沉积较少。

2. 滋补作用

贵妃鸡的肉质鲜嫩细滑，据测定，贵妃鸡富含 17 种氨基酸，10 余种微量元素，特别是“抗癌之王”硒元素和抗衰老维生素 E 的含量是家鸡的 3～5 倍，抗衰老剂维生素 E 的含量是普通家鸡的 5 倍，特别是小母鸡肉具有补气、补血、祛风的作用。经常食用还有美容、抗衰老、抗癌等独特功效。

3. 观赏价值高

贵妃鸡小巧玲珑，头戴凤冠，身披艳丽黑白花羽毛，步履蹒跚，极像身穿晚礼服的贵妇，甚为美丽可爱，为观赏佳品，是国际上有名的观赏动物之一。

4. 经济效益

贵妃鸡集肉用、药用与观赏价值于一身。饲养贵妃鸡的经济效益显著，具有投资少、产出多和低成本、高效益等特点。

第二节　贵妃鸡养殖优势

1. 体型小,易消费

商品贵妃鸡上市体重公母分别在1000～1200克和800～900克,恰好符合当今社会小家庭一顿消费一只全鸡的生活特点和消费理念。而且皮很薄、皮下脂肪少,比普通家鸡或土鸡的脂肪含量低15%～20%,是一种瘦肉型的低脂肪高蛋白美味,这无疑是既要享用珍品佳肴又志于减肥和保持身材人士的理想选择。

2. 周转快,效益高

贵妃鸡商品鸡出壳至90～120日龄即可上市,料重比(3～3.5)∶1。

3. 商品代雌雄可自别

贵妃鸡商品代1日龄雏鸡可按羽速自别雌雄,这是贵妃鸡的显著特点,更是当今家禽业的发展趋势,不仅雌雄鉴别准确率高达98%以上,而且因其不伤雏体可使成活率提高4%～5%,更可节约成本10%左右。

4. 抗性强,适应广

由于贵妃鸡尚存一定的野性,好动性极强,表现出“运动健儿”的特点,故此其抗病力很强,适应性更广。

5. 产蛋多,耗料少

种鸡150日龄左右可开产,每只母鸡年产蛋量150～180枚,平均蛋重40克,产蛋期日采食量在60～75克内,可谓很难得的节粮型珍禽。

6. 特点奇,防假冒

贵妃鸡本身具有与众不同的“三冠、五爪”的奇特外观,因而构成了任何禽类都无法仿冒和造假的防伪标记。这在市场竞争激烈、伪劣假冒防不胜防的当今社会,更显示出其独特优势,更具有可持续发展的现实意义和重要价值。

7. 市场好,潜力大

据预测,仅广东、香港、澳门、北京、上海等地年需求量超过6000万只,而目前上市量远远处于供不应求之势。

第三节　养殖贵妃鸡应做的准备工作

从当前的趋势来看,经营贵妃鸡养殖的人越来越多,建场和投资的规模也将越来越大。要想成功地养殖贵妃鸡,并获得盈利,在批量生产或投资建场之前,必须做好必要的准备工作。

1. 环境条件的选择

饲养贵妃鸡,无论是圈养还是放养,都应尽量提供良好的环境条件。环境条件是否适宜于贵妃鸡的生长发育,这在许多情况下是决定贵妃鸡养殖成功与否以及生产效率高低的关键环节。贵妃鸡养殖场的场址选择要符合科学要求,禽舍的布局和建筑要合理,设备力求完善,舍内小气候要适宜于贵妃鸡的生理需要。

此外,贵妃鸡养殖要注意由小到大,逐步发展。在实践经验不足的情况下,开始时规模不宜太大,应先作一些小规模的养殖,待取得一定实践经验、对贵妃鸡饲养技术心中有数之后,逐步扩大规模。这样看来似乎发展速度很慢，但可以避免一些不必要的损失。

贵妃鸡养殖前还要作好卫生防疫、生产管理计划的安排等方面的准备。

2. 资金

资金是创办养殖场的重要条件，资金的多少决定了养殖场的规模。建场前必须对养殖场、房舍、设备、种苗、饲料、水和电等方面所需要的投资做出估算。如果养殖场规模较大，为确保有稳定的种苗来源，最好附设一个贵妃鸡种场，贵妃鸡种场的投资也要估算在内。此外，还要留足生产资金。

为了减少资金投入、少花钱多办事，在符合科学和技术要求的前提下，在建设饲养场、置办有关设施和选用饲料等方面，可以因地、因材制宜，尽量利用现有条件和当地资源。

3. 销路

对于准备或刚开始经营贵妃鸡养殖的人来说，仅仅了解贵妃鸡的基本情况和养殖技术是远远不够的，更为重要的是，必须事先把产、供、销等各个环节的情况都摸清楚，然后通过综合分析，做出正确的决定。切忌一哄而起，盲目上马。

4. 饲养技术

要想在贵妃鸡养殖实践中以相对小的投入，获得较高的产出，必须学习贵妃鸡养殖的有关知识，并掌握先进的饲养管理技术和经验。在此基础上，在实践中不断学习，汲取他人成功的饲养管理技术和经验，以提高自己的饲养管理技术水平。同时注意总结，积累自己成功的饲养管理经验。

5. 纯正可靠的物种来源

由于贵妃鸡养殖经济效益十分诱人，但种源相对较紧张，少数饲养场将淘汰的贵妃鸡做种出售，这样会给引种者带来很严重的经济损失。

6. 饲料

饲料是养好贵妃鸡的物质基础，通常饲料占成本的65%～75%。贵妃鸡饲料基本与家鸡相似，饲料调配主要是粒料、动物性饲料和青绿饲料的配搭。

7. 掌握一种适于自己的孵化方法

养殖贵妃鸡经济效益好坏，直接受孵化这一环节的影响。由于各自的经济条件不同，可以选择不同的孵化方式。从电褥子孵化法、火炕孵化法、桶孵化法等，到自动孵化器孵化各有各的优缺点，但无论哪一种方式，只要操作得当，都可以达到令人满意的效果。

第四节　提高贵妃鸡养殖效益的措施

1. 把好市场脉搏

广大养殖户应善于通过报刊、广播、网络等有效手段，及时掌握商品贵妃鸡、饲料、雏鸡价格波动情况，把握好每一个增收节支的机会，为更好地调整生产奠定基础。

2. 适度规模饲养

养殖户要根据自身的经济实力和抗风险能力，掌握好贵妃鸡饲养的适度饲养规模，要根据场区大小和资金实力，制定合理的饲养计划，既不能造成固定资产的闲置浪费，也不能贪求过大的饲养规模，为资金的回流和持续发展加足筹码。

3. 提倡科学喂养

(1)要在力所能及的条件下，尽量改善饲养条件，以获得更好的生产效益。

(2)集中育雏,将雏鸡饲养与成鸡饲养分开,实行全进全出制。

(3)饲料运用应规范、科学,应选用质量过关且价格合理的饲料,保证饲料的卫生,谨防霉变、冰冻等。

(4)要不断引进先进生产技术,提高贵妃鸡的产出率。

4. 加强疫病控制

(1)把好鸡舍建设关:避免人鸡混居,尽量远离村庄,减少疫病的发生和传染。

(2)把好严格消毒关:建立定期消毒制度,既要保证鸡只饲养安全,也要保证消毒质量。

(3)把好科学防疫关:要结合实际,建立合理的防疫计划,增强鸡体的免疫力,降低发病率,提高成活率。

(4)把好无害化处理关:要严格按照防疫要求,对染疫或疑似染疫鸡只进行火化、深埋等无害化处理,避免疫情传播。

5. 注重技术合作与革新,提高技术含量

随着市场竞争日趋激烈,只有技术领先才能立于不败之地。贵妃鸡生产者应注意利用书刊、网络、参加产品交易会和技术交流会等各种机会,不断学习采用新技术、新工艺,并在养殖实践中加以发展创新,尽量与同行、专家保持密切联系,加强技术信息交流,不断进行技术升级改造。

6. 实施产业化经营,规避市场风险

有条件的地区和养殖场户,可以尝试走贵妃鸡产业化开发的路子,不仅仅局限于卖商品贵妃鸡、蛋,而是要从孵化育雏、销售种鸡、生产资料供应、技术服务、特色餐饮旅游开发等不同环节进行专业化分工和协作,以利于延伸产业化链条,实现挖潜增效,分摊市场风险。

第二章　养殖场舍及其设备

贵妃鸡野性强，如果采用笼养方式，会丧失它原有的特点。因此贵妃鸡的饲养方式可分为圈养、放养。圈养结合运动场地，鸡群的活动面积大，鸡能接受到阳光直接照射，并在土壤中补充某些微量元素和沙粒等。放养使贵妃鸡回归其野性，放养环境中的昆虫和青草能够使其找到足够的食物，从而节省饲料，放养的贵妃鸡毛色更亮、肉质更好、野味更足，市场售价也更高。

第一节　场址选择

新办鸡场，场址的选择对今后的生产、经营和发展等影响十分重大，特别是对规模较大、固定资产投资较多的鸡场，忽视了某一方面的条件，都可能导致生产和经济的重大损失，因此，在确立了鸡场的生产性质、规模、养殖方式等前提后，就必须做充分的选址调查工作，尽可能满足各项建场条件，初步拟出数个方案，分析对照后，择定最佳方案。

一、圈养场址的选择

圈养鸡场的场地应选在地势干燥的地方，按普通鸡的选址要求，根据养殖贵妃鸡的数量，建造鸡舍和运动场。

1. 地形地貌

圈养鸡场的地势应高燥而平坦。这种场地阳光充足，通风、排水良好，有利于鸡场内、外环境的控制。平原地区，场地应选地势高燥、平坦、开阔、排水良好和背风向阳的地方，地下水位要低于1米以下。山区应选择稍平缓坡上，坡面向阳，鸡场总坡度不超过25%，建筑区坡度控制在2.5%以内。在土质上，最好选择含石灰质多的砂质土壤，平时能保持舍内外干燥，雨后能及时排除地面积水。避免在黏土地上建鸡舍，因为这样的土质通透性不强，雨季难以进行舍外作业。另外在丘陵地区建舍要防止"渗山水"，避免鸡舍潮湿。

2. 水源

鸡场用水要考虑水量与水质的问题。其耗水包括饮水、日常消毒用水、生活及防火用水等。水源应是地下水，水质清洁。如有条件应提取水样，对水的物理、化学和生物污染程度等进行化验分析，经过检查符合饮水卫生。

3. 电源

鸡场中除孵化室要求24小时供应电力外，鸡群的光照也必须有电力供应。因此对于较大型的鸡场，必须具备备用电源，如双线路供电或发电机等。

4. 运输与饲料来源

鸡场的生产与生活所需物质运输量较大，因此选场址时要考虑交通方便，场内外道路平整，又有利于卫生防疫。若路不好或需新建，在建场时应一并考虑。若交通不便，道路不好，将给生产与管理带来较大困难，甚至增加成本费用。一般要求距主要公路干线不少于500米，距次级公路应在100～200米以上为好。

5. 防疫环境

除饲养中严格执行科学饲养外，鸡舍应有一个良好的防疫环境。选择场址时应尽可能远离乡村集镇、居民点、小学校、屠宰场等，并调查拟建场区是否有过传染病史。一般要求距离城市或集镇不少于 15 千米，与其他家禽场距离最好应在 20 千米以上，远离工业公害污染区，距居民区应在 1 千米以上。

6. 日照与通风条件

日照时间长短对鸡舍保温、节省能源、鸡群健康都有良好的作用。所以鸡场必须日照充足，地势干燥，通风良好。

二、放养场址的选择

采用放养的方式养殖贵妃鸡，对放养的场址也有一定的要求。

1. 位置

(1)经济林：经济林分布范围比较广，树的品种多，有幼龄、成龄的宽叶林、针叶林、乔木、灌木等。夏天宜安排在乔木林、宽叶林、常绿林、成龄树园中；冬天则安排在落叶、幼龄树林为好，以刚刚栽下的 1～3 年的各种经济林为好。

林地放养贵妃鸡，必须选择林隙合适、林冠较稀疏、冠层较高(4～5 米以上)、郁闭度在 0.5～0.6 之间的林地，透光和通气性能较好，而且林地杂草和昆虫较丰富，有利于贵妃鸡的生长和发育。郁闭度大于 0.8 或小于 0.3 时，均不利于贵妃鸡生长。

(2)园地：园地最好远离人口密集区，地势平坦、日照时间长，易防敌害和传染病，树龄以 3～5 年生为佳。

(3)山地：选择远离住宅区、工矿区和主干道路，环境僻静的山地。最好是果园及灌木林、荆棘林和阔叶林，没有或很少农田等。

其坡度不宜过大，最好是丘陵山地。土质以沙壤为佳，若是黏质土壤，在放养区应设立一块沙池。过夜鸡舍既不能建在山顶，也不能建在山谷深洼处，应建在向阳的南坡上。所选地势的好坏，直接关系到光照、通风、排水和鸡舍保温等情况。

(4)园地：选择地势高燥、避风向阳、环境安静、饮水方便、无污染和无兽害的竹园、果园、茶园与桑园等地。不仅解决了室内养殖场所紧张的问题，扩大了饲养量，还能降低饲养成本。果园放养贵妃鸡可在园中捕捉到昆虫，在土壤中寻觅到自身所需的矿物质元素和其他一些营养物质，提高了自身的抗病性，大大降低了饲料添加剂成本、防病成本和劳动强度。鸡在果园寻觅食物及活动过程中，可挖出草根，踩死杂草，捕捉昆虫，从而达到除草、灭虫的目的。鸡粪是很好的有机肥料，果园放养贵妃鸡后可减少化肥的施用量，提高水果的品质。

果园放养贵妃鸡时，果树喷洒农药时应尽量使用低毒高效或低浓度低毒的杀菌农药，或实行限区域放养，或实行禁放 1 周，避免鸡群农药中毒。

2. 水源

放养时每只成年贵妃鸡每天的饮水量平均为 300 毫升，在气候温和的季节里，鸡的饮水量通常为采食饲料量的 2～3 倍，寒冷季节约为采食饲料量的 1.5 倍，炎热季节饮水量显著增加，可达采食饲料量的 4～6 倍。因此，鸡场必须要有可靠、充足的水源，并且位置适宜，水质良好，便于取用和防护。最理想的水源是深层地下水，一是无污染，二是相对“冬暖夏凉”。地面水源包括江水、河水、塘水等，其水量随气候和季节变化较大，有机物含量多，水质不稳定，多受污染，最好经过处理后使用。

3. 环境条件

过夜场址位置的确定要远离工厂、铁路、公路干线及航运河道。尽量减少噪音干扰，使鸡群长期处于比较安静的环境中。鸡的饲料、产品以及其他生产物质等需要大量的运输能力，因此，要求交通方便，路基必须坚固，路面平坦，排水性能好。

电源是否充足、稳定，也是鸡场必须考虑的条件之一。为便于防疫，新建鸡场应避开村庄和其他鸡场。

第二节 场地规划

鸡场[illegible]址选定之后，接着就要根据地形、地势和当地主风向等[illegible]安排鸡场内不同建筑功能区、道路、排水、绿化等地段的位置；然后根据鸡场分区方案和工艺设计对各种建筑物的要求，合理安排每幢建筑物和每种设施的位置和朝向。

一、圈养场地的规划

圈养鸡场主要分场前区、生产区及隔离区等。场地规划时，主要考虑人、禽卫生防疫和工作方便，根据场地地势和当地全年主风向，顺序安排各区。对鸡场进行总平面布置时，主要考虑卫生防疫和工艺流程两大因素。场前区中的生活区应设在全场的上风向和地势较高地段，依次为生产技术管理区。生产区设在这些区的下风向和较低处，但应高于隔离区，并在其上风向。

1. 场前区

场前区包括技术办公室、饲料加工及饲料库、车库、杂品库、更衣消毒、配电房、宿舍、食堂等，是担负鸡场经营管理和对外联系的场区，应设在与外界联系方便的位置。大门前设车辆消毒池，两侧设门卫和消毒更衣室。

鸡场的供销运输与外界联系频繁，容易传播疾病，故场外运输应严格与场内运输分开。负责场外运输的车辆严禁进入生产区，其车棚、车库也应设在场前区。

场前区、生产区应加以隔离。外来人员最好限于在此区活动，不得随意进入生产区。

2. 孵化室

孵化室宜建在靠近场前区的入口处，大型养殖场最好单设孵化场，宜设在养殖场专用道路的入口处，小型养殖场也应在孵化室周围设围墙或隔离绿化带。

3. 幼雏舍

无论是专业性还是综合性养殖场，为保证防疫安全，禽舍的布局根据主风方向与地势，应当按孵化室、幼雏舍排列，这样能减少发病机会。

育雏舍应与孵化室及放养场地相距在100米以上，距离大些更好。在有条件时，最好另设分场，专门孵化及饲养幼雏，以防交叉感染。

4. 商品鸡区与种鸡区

应分区饲养，种鸡区应放在防疫上的最优位置，各区中的育雏、育成舍又优于成年鸡舍的位置，而且育雏、育成鸡舍与成年鸡舍的间距要大于本群鸡舍的间距，并设沟、渠、墙或绿化带等隔离障，以确保育雏、育成鸡群的防疫安全。

5. 饲料加工、储藏库

饲料加工储藏库应接近禽舍，交通方便，但又要与禽舍有一定的距离，以利于禽舍的卫生防疫。

6. 隔离区

隔离区包括病、死鸡隔离、剖检、化验、处理等房舍和设施、粪便污水处理及贮存设施等，是养鸡场病鸡、粪便等污物集中之处，是卫生防疫和环境保护工作的重点，该区应设在全场的下风向和地势最低处，且与其他两区的卫生间距不小于 50 米。

7. 贮粪场

贮粪场既应考虑鸡粪便于由鸡舍运出，又便于运到场外。

8. 病鸡隔离区

病鸡隔离区应尽可能与外界隔绝，且其四周应有天然的或人工的隔离屏障，设单独的通路与出入口。病鸡隔离舍及处理病死鸡的尸坑或焚尸炉等设施，应距鸡舍 300～500 米，且后者的隔离更应严密。

9. 鸡场的道路

生产区的道路应将净道和污道分开，以利卫生防疫。净道用于生产联系和运送饲料、产品，污道用于运送粪便污物、病畜和死鸡。场外的道路不能与生产区的道路直接相通。场前区与隔离区应分别设与场外相通的道路。

10. 鸡场的排水

排水设施是为排出场区雨、雪水，保持场地干燥、卫生设置。一般可在道路一侧或两侧设明沟，沟壁、沟底可砌砖、石，也可将土夯实做成梯形或三角形断面，再结合绿化护坡，以防塌陷。如果鸡场场地本身坡度较大，也可以采取地面自由排水，但不宜与舍内排水系统的管沟通用。隔离区要有单独的下水道将污水排至场外的污水处理设施。

二、放养场地的规划

根据场地的大小、生长草的多少、放养贵妃鸡数量的多少用网进行域划分，每个小区面积以 1000 平方米为宜。放养面积过大，一是不便于管理，二是鸡的体能消耗大，不利于育肥。放养时采取定期轮牧的饲养方式，等一片放养地的草食差不多后应赶到另一片放养地，做到贵妃鸡一经放养就日日有可食的草、虫或树叶等。为了保证放养贵妃鸡有充足的牧草，可预先在放养地种植一些可供鸡食用的牧草如苜蓿、黑麦草等。

贵妃鸡放养的主要目的是提高鸡肉的品质，让贵妃鸡只在外界环境中采食虫草和其他可食之物，每过一段时间后，放养地的虫草会被贵妃鸡食完，因此应预先将放养地根据放养贵妃鸡的数量和放养时间的长短及放养季节划分成多片放养区域，用围栏分区围起来轮换放养，一片放养 1～2 周后，赶到另一个围栏内放养，让已采食过的放养小片区休养生息，恢复植被后再放养，使鸡只在整个放养期都有可食的虫草等物。

这里必须强调的是，鸡是采食能力很强的动物，大规模、高密度的鸡群需要充分的食物供应，否则会对放养殖场所的生态环境产生很大危害。因此，必须认识到放养环境中的天然饵料的供应是相对有限的，及时注意加强饲料投放，采取合理的饲养密度和轮牧措施。否则，不仅影响鸡群的正常生长发育，而且会对散养环境中的植被、作物、树木产生很大破坏。

第三节　养殖场舍及设备

圈养贵妃鸡的鸡舍排列的合理性关系到场区小气候、鸡舍的采光、通风、建筑物之间的联系、道路和管线铺设的长短、场地的利用率等。鸡舍群一般采取横向成排(东西)、纵向呈列(南北)的行列式,即各鸡舍应平行整齐呈梳状排列,不能相交。鸡舍群的排列要根据场地形状、鸡舍的数量和每幢鸡舍的长度,酌情布置为单列、双列或多列式。生产区最好按方形或近似方形布置,应尽量避免狭长形布置,以避免饲料、粪污运输距离加大,饲养管理工作联系不便,道路、管线加长,建场投资增加。

鸡舍群按标准的行列式排列与地形地势、气候条件、鸡舍朝向选择等发生矛盾时,也可将鸡舍左右错开、上下错开排列,但要注意平行的原则,避免各鸡舍相互交错。当鸡舍长轴必须与夏季主风向垂直时,上风向鸡舍与下风向鸡舍应左右错开呈"品"字形排列,这就等于加大了鸡舍间距,有利于鸡舍的通风;若鸡舍长轴与夏季主风方向所成角度较小时,左右列应前后错开,即顺气流方向逐列后错一定距离,也有利于通风。

鸡舍的朝向要由地理位置、气候环境等来确定。适宜的朝向应满足鸡舍日照、温度和通风的要求。在我国,鸡舍应采取南向或稍偏西南或偏东南为宜,冬季利于防寒保温,而夏季利于防暑。鸡舍的朝向选择以南向为主,可向东或西偏 45°,以南向偏东 45°的朝向最佳。这种朝向需要注意遮光,如加长屋檐、窗面涂暗等减少光照强度。如同时考虑地形、主风以及其他条件,可以作一些朝向上的调整,向东或向西偏转 15°配置,南方地区从防暑考虑,以向东偏转为好;北方地区朝向偏转的自由度可稍大些。

鸡舍间距的确定主要从日照、通风、防疫、防火和节约用地等方面考虑，根据具体的地理位置、气候、地形地势等因素确定。鸡舍间距不小于鸡舍高度的 3～5 倍时，可以基本满足日照、通风、卫生防疫、防火等要求。一般密闭式鸡舍间距为 10～15 米；开放式鸡舍间距约为鸡舍高度的 5 倍。

一、孵化场舍及所需设备

大型鸡场的孵化场应是现代建筑物，它包括种蛋贮存室、孵化室、出雏室、雏鸡分级存放室以及日常管理所必需的房室。大型孵化场则应以孵化室和出雏室为中心。根据流程要求及服务项目来确定孵化场的布局，安排其他各室的位置和面积，既能减少运输距离和人员在各室的往来，又有利于防疫工作和提高建筑物的利用率。

(一)孵化场舍建筑

1. 孵化室

雏鸡孵化若不用于销售，根据种蛋来源及数量，可依据养殖贵妃鸡的数量、孵化批次、孵化间隔、每批孵化量确定孵化形式、孵化室、出雏室及其他各室的面积。孵化室和出雏室面积，还应根据孵化器类型、尺寸、台数和留有足够的操作面积来确定。

(1)孵化厅、场空间：若采用机器孵化，孵化场用房的墙壁、地面和天花板，应选用防火、防潮和便于冲洗的材料，孵化场各室(尤其是孵化室和出雏室)最好为无柱结构，以便更合理安装孵化设备和操作。门高 2.4 米左右，宽 1.2～1.5 米，以利种蛋和蛋架车等的输运。地面至天花板高 3.4～3.8 米。孵化室与出雏室之间应设缓冲间，既便于孵化操作，又利于防疫。

孵化厅的地面要求坚实、耐冲洗，可采用水泥或地板块等地面。孵化设备前沿应开设排水沟，上盖铁栅栏(横栅条，以便车轮垂直通过)与地面保持平整。

(2)孵化厅的温度与湿度：环境温度应保持在 22～27℃，环境相对湿度应保持在 60%～80%。

(3)孵化厅的通风：孵化厅应有很好的排气设施，目的是将孵化机中排出的高温废气排出室外，避免废气的重复使用。为向孵化厅补充足够的新鲜空气，在自然通风量不足的情况下，应安装进气巷道和进气风机，新鲜空气最好经空调设备升(降)温后进入室内，总进气量应大于排气量。

(4)孵化厅的供水：加湿、冷却的用水必须是清洁的软水，禁用镁、钙含量较高的硬水。供水系统接头(阀门)一般应设置在孵化机后或其他方便处。

(5)孵化厅的供电：要有充足的供电保证，并按说明书安装孵化设备；每台机器应与电源单独连接，安装保险，总电源各相线的负载应基本保持平衡；经常停电的地区建议安装备用发电机，供停电使用；一定要安装避雷装置，避雷地线要埋入地下 1.5～2 米深。

2. 种蛋库

种蛋库用于存放种蛋，要求有良好的通风条件以及良好的保温和隔热降温性能，库内温度一般宜保持在 10～15℃。种蛋库内要防止蚊、蝇、鼠和鸟的进入。种蛋库的室内面积以足够在种蛋高峰期放置蛋盘，并操作方便为度。

(二)孵化所需设备

贵妃鸡已基本丧失抱性，必须进行人工孵化，因此孵化设备和孵化方法的选择尤其重要。

孵化场从种蛋进入到雏鸡发送，需要各种配套设备，各设备的种类和数量随孵化规模等而定，其中最重要的设备为孵化器，目前多为模糊电脑孵化器，其他一些孵化器也相继并存。总之，只要孵化器工作稳定性好，密闭性能好，装满蛋后温差小，检修和清洗等方便，控温系统灵敏，省电即可。

1. 孵化机类型

孵化机的类型多种多样。按供热方式可分为电热式、水电热式、水热式等；按箱体结构可分为箱式（有拼装式和整装式两种）和巷道式；按放蛋层次可分为平面式和立体式；按通风方式可分为自然通风和强力通风式。孵化机类型的选择主要应根据生产条件来决定，在电源充足稳定的地区以选择电热箱式或巷道式孵化机为最理想。拼装式、箱式孵化机安装拆卸方便；整装箱式孵化机箱体牢固，保温性能较好；巷道式孵化机孵化量大，多为大型孵化厂采用。

2. 孵化机型

(1)孵化机的容量：应根据孵化厂的生产规模来选择孵化机的型号和规格，当前国内外孵化机制造厂商均有系列产品。每台孵化机的容蛋量从数千枚到数万枚，巷道式孵化机可达到 6 万枚以上。

(2)孵化机的结构及性能：综合孵化设备现状来看，国内外生产的孵化器的结构基本大同小异，箱体一般都选用彩塑钢或玻璃钢板为里外板，中间用泡沫夹层保温，再用专用铝型材组合连接，箱体内部采用大直径混流式风扇对孵化设备内的温度、湿度进行搅拌，装蛋架均用角铁焊接固定后，利用蜗轮蜗杆型减速机驱动传动，翻蛋动作缓慢平稳无颤抖，配选鸡蛋的专用蛋盘，装蛋后一层一层地放入装蛋铁架，根据操作人员设定的技术参数，使孵化设备具备了自动恒温、自动控湿、自动翻蛋与合理通风换气的全套自动功能，保证了受精禽蛋的孵化出雏率。

目前，优良的孵化设备当数模糊电脑控制系统了，它的主要特点是温度、湿度、风门联控，减少了温度场的波动，合理的负压进气、正压排气方式，使进风口形成负压，吸入新鲜空气，经加热后均匀搅拌吹入孵化蛋区，最后由出气口排出。孵化厅环境温度偏高时，冷却系统会自动打开，实施风冷，风门也会自动开到最大，加快空气的交换。全新的加热控制方式，能根据环境温度、机器散热和胚胎发育周期自动调节加热功率，既节能又控温精确。有两套控温系统，第一套系统工作时，第二套系统监视第一套系统，一旦出现超温现象时，第二套系统自动切断加热信号，并发出声光报警，提高了设备的可靠性。第二套控温系统能独立控制加温工作。该系统还特加了加热补偿功能，最大限度地保证了温度的稳定。加热、加湿、冷却、翻蛋、风门、风机均有指示灯进行工作状态指示；高低温、高低湿、风门故障、翻蛋故障、风扇断带停转、电源停电、缺相、电流过载等均可以不同的声讯报警；面板设计简单明了，操作使用方便。

(3)孵化机自控系统：有模拟分立元件控制系统，集成电路控制系统和电脑控制系统三种。集成电路控制系统可预设温度和湿度，并能自动跟踪设定数据。电脑控制系统可单机编制多套孵化程序，也可建立中心控制系统，一个中心控制系统可控制数十台以上的孵化单机。孵化机可以数字显示温度、湿度、翻蛋次数和孵化天数，并设有超高、低温报警系统，还能自动切断电源。

(4)孵化机技术指标：孵化机的技术指标的精度不应低于一定的标准。温度显示精度 0.1～0.01℃，控温精度 0.2～0.1℃，箱内温度场标准差 0.2～0.1℃，湿度显示精度 2%～1%RH，控湿精度 3%～2%RH。

(5)出雏器：与孵化机相同。如采用分批入孵、分批出雏制，一般出雏机的容蛋量按 1/4～1/3 与孵化机配套。

3. 挑选

养殖场和专业户在选购孵化器时，应考虑以下几个方面：

(1)孵化率的高低是衡量设备好坏的最主要指标，也是许多孵化场不惜重金更换先进孵化设备的主要原因。机内的温度场应该均匀，没有温度死角，否则会降低出雏率；控温精度、汉显智能要好于模糊电脑，模糊电脑要好于集成电路。

(2)机器使用成本，如电费及维修保养费用等。

(3)电路设计要合理，有完善的老化检测设备；另外，整机装完后应老化试验一段时间，检测后才能出厂使用。

(4)售后服务好。一是服务的速度快；二是服务的长期性。应尽可能选择规模较大、发展势头好、能提供长期服务的厂家。

(5)使用寿命长。使用寿命主要取决于材料的材质、用料的厚薄及电器元件的质量，选购时应详加比较。另外，产品型类也是选择孵化机时应特别注意的方面。

4. 孵化配套设备

(1)发电机：用于停电时的发电。

(2)水处理设备：孵化场用水量大，水质要求高，水中含矿物质等沉淀物易堵塞加湿器，须有过滤或软化水的设备。

(3)运输设备：用于孵化场内运输蛋箱、雏盒、蛋盘、种蛋和雏鸡。

(4)照蛋器：是用来检查种蛋受精与否及鸡胚发育进度的用具。目前生产的手持式照蛋器，采用轻便式的电吹风外壳改装而成。灯光照射方向与手把垂直，控制开关就在手把上。操作方便，能提高工作效率。

照蛋器的电源为 220 伏交流电(也可用低压交流电)。器内装有 15 瓦的小灯泡，灯光经反光罩和聚光罩形成集中的光束射出。光线充足，能透过棕色的蛋壳，清晰地照出鸡胚发育的蛋相来。照蛋器的散热性能应良好,连续工作而外壳不发烫;前端有1个橡皮垫圈,可防止照蛋时碰破蛋壳。使用时,应轻提轻放,不要猛烈震动,也不宜随意拆卸。

(5)冲洗消毒设备:一般采用高压水枪清洗地面、墙壁及设备。目前有多种型号的国产冲洗设备,如喷射式清洗机很适于孵化场的冲洗作业。它可转换成3种不同压力的水柱:“硬雾”用于冲洗地面、墙壁、出雏盘和架车式蛋盘车、出雏车及其他车辆;“中雾”用于冲洗孵化器外壳、出雏盘和孵化蛋盘;“软雾”冲洗入孵器和出雏器内部。

(6)鸡蛋孵化专用蛋盘和蛋车。

(7)其他设备:移盘设备;连续注射器;雏鸡盒等。

二、圈养场舍建筑及设备

圈养鸡舍要求冬暖夏凉,阳光充足,通风良好。商品贵妃鸡放养是要求脱温后才放养,因此放养的贵妃鸡也要建育雏舍和育成舍(过夜舍)。

(一)圈养场舍建筑

1. 圈养场舍

(1)育雏舍:育雏舍专门饲养雏贵妃鸡,这阶段要供温,室温要求达到20～25℃且保温性能好,有一定的通风条件。

育雏的好坏,对其后的生产性能影响很大。无论种鸡和商品鸡都要经过育雏阶段。可以说,育雏的好坏是养鸡生产的关键之一。雏鸡与脱温后的育成鸡、成年鸡的生理状态差异较大,对环境条件的要求也不同,故房舍结构的要求也有所不同。要育好雏鸡,须有一个适合雏鸡生理条件的育雏舍。

雏鸡从孵出到脱温期间是在育雏舍培育的。雏鸡脱温的日龄因品种和外界气温条件的不同而不同。育雏舍的基本要求如下：

①保温性能良好：保温是育雏的关键措施。一周龄内的雏鸡舍内温度需控制在25～28℃，保温伞(灯)下温度达30～35℃。为了达到这个温度要求，育雏舍要求保温性好，门窗关闭要严密，舍内空间尽可能小，为此可在离地面高1.6～2米装修隔热层。

②利于干燥和通风：雏鸡生长发育快，饲养密度大，呼吸的空气量和散发的水分都较大，如不能解决好育雏舍的通风和排湿，就易造成舍内空气混浊和潮湿，病原微生物大量繁殖，诱发疫病。

③利于清洁和有效消毒：雏鸡的生理机能不完善，抵抗力较弱，易受到病原微生物的侵害引起疫病和死亡，造成生产的重大损失。有效地提高雏鸡育成率、减少疫病发生与流行的重要技术措施就是育雏舍实行"全进全出"制，在每批鸡群育雏结束后，对育雏舍内外环境和工具进行尽可能彻底的清洁与消毒，所以雏鸡舍最好采用混凝土地面，墙面光滑。

④分栏：育雏舍还应分栏，以每栏饲养400～500只雏鸡为宜，如果群体过大，往往由于外界应激因素的影响，造成鸡群挤压死亡和残伤，不便于饲养管理。

(2)育成舍：育成舍用于饲养育成雏，此期贵妃鸡的生活能力逐渐增强，所以最基本要求是夏季能通风防热，北方的冬季能防寒保暖，室内要保持干燥，在南方只要建简易的棚舍就可以了。圈养的可继续利用育雏舍，只是可以打开门，让鸡到运动场活动，运动场(兼作喂料场)是鸡舍的1.5～2倍，运动场周围均需建2～3米围栏或围网。放养的要转群到放养地的育成舍(成年贵妃鸡过夜舍)。

(3)育肥舍：商品贵妃鸡可采用圈养或放养的方式。圈养的育肥贵妃鸡舍的要求比育雏舍要低一些。因为育肥贵妃鸡舍饲养的鸡只较大，羽毛已丰满，鸡本身的体温调节系统已较健全，对环境有较强的适应性。鸡舍要求有一定的保温、防暑和通风的性能，特别是要求夏季炎热气候的防暑，此外要考虑饲养规模。贵妃鸡的饲养密度因不同的饲养方式和品种类型而有差异，一般每平方米8只为佳，在条件有限的情况下，也不能超过10只。育肥贵妃鸡舍的投资除较大型的鸡场外，一般的小型鸡场或专业户都应以投资少、实用为原则。家庭养鸡也可利用现有的房屋改装饲养商品贵妃鸡，只要注意清洁卫生和防疫，同样可以取得良好的效果。放养的可直接利用放养地的育成舍。

（4）种鸡舍：种贵妃鸡舍的建筑应根据贵妃鸡种鸡的生理特性和生产目的而确定。种贵妃鸡的生产目的就是最大限度地提供合格种蛋，最终提供合格的商品鸡苗。为此，要力求达到种鸡产蛋量高，种蛋合格率高，受精率和孵化率高，种鸡死亡和淘汰率低。所以，种贵妃鸡舍的建设应围绕着能否创造高的生产技术水平而进行。

对种贵妃鸡的饲养方式，多采用圈养加设运动场的方式，让种鸡群到运动场活动、晒太阳和沙浴。

①种鸡活动的场所应平整：一方面利于种鸡站立平稳交配成功率高，另一方面减少种鸡因脚部损伤而造成淘汰或引发脚部感染。

②种鸡舍的周围环境应尽可能安静，减少应激因素的发生：贵妃鸡生性怕惊，稍有应激就会造成种鸡群骚动，造成产蛋量下降、畸形蛋增加。

③种鸡舍的产蛋设施设置合理，产蛋箱（窝）的数量以3～4只鸡一个为好，产蛋窝要隐蔽一些。在种鸡舍离门近的一头或两头放活动产蛋箱，为了适应贵妃鸡的产蛋习性，屋角暗处做1个产蛋沙池。

④种鸡舍采光性能好：光照对种鸡的性成熟和产蛋率的高低有直接的关系。所以种鸡舍应做到自然光照充足，人工光照适度、

分布均匀，光照时数稳定并有规律性。

⑤通风和降温条件要良好：种鸡产热多，特别是产蛋阶段，耐热能力下降，如通风和降温条件不好，在高热、低气压条件下，很容易造成大批量种鸡中暑死亡。

2. 各类禽舍的建设要求

(1)地基与地面：地基应深厚、结实。地面要求高出舍外、防潮、平坦，易于清刷消毒。

(2)墙壁：隔热性能好，能防御外界风雨侵袭。多用砖或石头垒砌，墙外面用水泥抹缝，墙内面用水泥或白灰挂面，以便防潮和利于冲刷。

(3)屋顶：除平养跨度不大的鸡舍用单坡式屋顶外，其他的可选用双坡式。

(4)门窗：门一般设在南向鸡舍的南面。一般单扇门高 2 米，宽 1 米；两扇门高 2 米，宽 1.6 米左右。

开放式鸡舍的窗户应设在前后墙上，前窗应宽大，离地面可较低，以便于采光。后窗应小，约为前窗面积的 2/3，离地面可较高，以利夏季通风。密闭鸡舍不设窗户，只设应急窗和通风进出气孔。

(5)鸡舍跨度、长度和高度：鸡舍的跨度视鸡舍屋顶的形式、鸡舍类型和饲养方式而定，一般跨度为开放式鸡舍 6～10 米。

鸡舍的长度，按养鸡数量多少而定。一般跨度 6～10 米的鸡舍，长度一般在 30～60 米；跨度较大的鸡舍如 12 米，长度一般在 70～80 米。

鸡舍的高度应根据饲养方式、清粪方法、跨度与气候条件而定。跨度不大、干旱及不太热的地区，鸡舍不必太高，一般鸡舍屋檐高度 2～2.5 米。

(6)操作间与过道：操作间是饲养员进行操作和存放工具的地方。鸡舍的长度若不超过 40 米，操作间可设在鸡舍的一端，若鸡舍长度超过 40 米，则应设在鸡舍中央。

过道的位置，视鸡舍的跨度而定，平养鸡舍跨度比较小时，过道一般设在鸡舍的一侧，宽度 1～1.2 米；跨度大于 9 米时，过道设在中间，宽度 1.5～1.8 米，便于采用小车喂料。

3. 饲料仓库

饲料仓库应能防潮、防鼠、防鸟、通风和隔热条件良好。饲料仓库多采用砖木结构，架空水泥地面，或用三层油毡铺地隔潮后再铺以水泥。库存量大的仓库应有排风装置。窗口、通风口用铁丝网围栏，以防鼠、鸟。仓库檐高 5 米以上，进深 9 米以上，其大门要保证车辆出入方便。原料、加工料和成品料应分开贮存。

(二)圈养所需设备

1. 供暖方式和用具

供暖方式多种多样，各地可以根据本地区的特点选择使用。农村用电热供暖，一是成本太高，二是常有停电之虑，难以保证育雏所需的适宜温度。煤气供暖虽然卫生、稳定，但成本较高。比较普遍的是用煤给雏鸡供暖，煤比较便宜，但使用方法不当，会给生产带来很大损失。

农户育雏比较理想的方法是使用地炕、火墙或地面烟道，因砖吸热比较多，散热比较稳，所以舍内温度相对来讲比较稳定，一般将燃煤口砌在墙外。用土暖气给雏鸡供暖也是个好方法，可能成本稍大些。此外，比较理想的供暖是舍内局部供暖法，即用保温伞或塑料布制成的小罩棚等，使热源的主要部分在棚伞之内，让棚伞之内的温度能稳定在 33～35℃，舍内的其他地方温度能维持在 24℃以上即可。雏鸡在伞内休息，在伞外采食饮水和运动。这与把整个育雏舍温度都加热到 33～35℃相比，能节省很多加热费用，且有利于提高雏鸡对温度变化的适应力。

(1)烟道供暖:烟道供暖有地上水平烟道和地下烟道两种。地上水平烟道是在育雏室墙外建一个炉灶,根据育雏室面积的大小在室内用砖砌成一个或两个烟道,一端与炉灶相通。烟道排列形式因房舍而定。烟道另一端穿出对侧墙后,沿墙外侧建一个较高的烟囱,烟囱应高出鸡舍 1 米左右,通过烟道对地面和育雏室空间加温。地下烟道与地上烟道相比差异不大,只不过室内烟道建在地下,与地面齐平。烟道供暖应注意烟道不能漏气,以防煤气中毒。烟道供暖时室内空气新鲜,粪便干燥,可减少疾病感染,适用于广大农户养贵妃鸡和中小型鸡场。

(2)火墙供暖:火墙育雏是在育雏室的隔断墙内做烟道,炉灶设在墙外。火墙比火炕升温快,但雏鸡活动的地面往往温度不高,因而用网上育雏为宜。

(3)煤炉供暖:煤炉由炉灶和铁皮烟筒组成。使用时先将煤炉加煤升温后放进育雏室内,炉上加铁皮烟筒,烟筒伸出室外,烟筒的接口处必须密封,以防煤烟漏出致使雏鸡发生煤气中毒死亡。此方法适用于较小规模的养贵妃鸡使用,方便简单。

(4)保温伞供暖:保温伞有折叠式和不折叠式两种。不折叠式又分方形、长方形及圆形等,采用自动调节温度装置。折叠式保温伞适用于网上育雏和地面育雏。伞内用陶瓷远红外线加热。伞上装有自动控温装置,省电,育雏效率高。不折叠式方形保温伞,长宽各为 1～1.1 米,高 70 厘米,向上倾斜呈 45°角,一般可用于 250～300 只雏贵妃鸡的保温。一般在保温伞的外围还要加围栏,以防止雏鸡远离热源而受冷,热源离围栏 75～90 厘米。雏鸡 3 日龄后围栏逐渐向外扩大,10 日龄后撤离。

(5)红外线灯泡育雏:在室内直接使用红外线灯泡加热。常用的红外线灯每只 250～500 瓦,悬挂在距离地面 40～60 厘米高处,并可根据育雏需要的实际温度来调节灯泡的悬挂高度。一般每只红外线灯可保温雏鸡 100～150 只。红外灯发热量高,不仅可以取暖，还可杀菌。加温时温度稳定，室内垫料干燥，管理方便，不利之处是耗电量大，灯泡易损坏，成本较高，供电不稳定地区不宜使用。

(6)远红外线加热供温：远红外线加热器是由一块电阻丝组成的加热板，板的一面涂有远红外涂层(黑褐色)，通过电阻丝激发红外涂层发射一种见不到的红外光发热，使室内加温。安装时将远红外线加热器的黑褐色涂层向下，离地 2 米高，用铁丝或圆钢、角钢之类固定。8 块 500 瓦远红外线板可供 50 平方米育雏室加热。最好是在远红外线板之间安上一个小风扇，使室内温度均匀，这种加热法耗电量较大，但育雏效果较好。

(7)普通白炽照明灯：普通白炽照明灯也可用来供雏鸡保温，尤其是饲养量较少的情况下，用普通照明灯泡取暖育雏既经济又实用。用木材或纸箱制成长 100 厘米、宽 50 厘米、高 50 厘米的简易育雏箱，在箱的上部开 2 个通气孔，在箱的顶部悬挂两盏 60 瓦的灯泡供热。

除上述方法外，各地可根据各自情况酌情选择适宜的加温方式。

2. 喂料器具

无论是采用机械给料还是人工给料，其食槽的形式与规格基本大同小异。制作食槽可选用木板、镀锌板或硬质塑料等，要因地制宜，就地取材，其规格可按鸡而定，大鸡用大槽，育成鸡用中等槽，雏鸡用小槽，切忌大小一律。

(1)料盘：主要用于开食，其长 40 厘米，宽 40 厘米，边缘高2～2.5 厘米，每个料盘可饲喂雏鸡 30～40 只。

(2)长形食槽：槽长 1～2 米，其槽断面多为“凵”字型、“U”字型或“V”字型。

(3)吊桶式圆形食槽：干粉料与颗粒料均可使用。这种食槽由一个没有底的料桶和一个圆槽形浅盘组成，两部分用短链相连，通过调节桶与盘之间的距离控制出料量。使用时将饲料装入桶内，悬挂起来供鸡采食。一般食槽的上缘与贵妃鸡的背部应在同一条水平线上，方便贵妃鸡采食，每只贵妃鸡占有槽位是：0～6 周龄 4～5 厘米；7～20 周龄 5～7 厘米；20 周龄以后 8～10 厘米。

3. 饮水器

有水槽、真空饮水器、钟形饮水器、乳头式饮水器、水盆等，大多由塑料制成。

(1)槽式饮水器：这是目前许多鸡场常用的一种饮水器，深度为 50～60 毫米，上口宽 50 毫米。有“V”型和“U”型水槽。供水方式有的采用长流水，有的用浮球阀控制水箱的水位，水箱与水槽相通，使水槽保持一定的水量。水槽每个一般长 3～5 米，每只贵妃鸡所占的水槽长度，一般中雏 1～1.6 厘米，种鸡 3.6 厘米。

槽式饮水器制作简单，成本较低，但耗水量较大，易受污染，需定期清洗，过长的水槽又不易调整水平，水槽与水槽之间的胶管容易被异物阻塞。

(2)塔形真空饮水器：它是由一个上部尖顶圆桶和底部比圆桶稍大的圆盘组成。圆桶顶腰部不漏气，基部离底盘 2.5 厘米处开 1～2 个小口。圆桶盛满水后当盘内水位低于小孔时，空气从小孔中进入而水自动流入盘中。当盘中水位高过小孔时，空气进不了桶内而水流不出。

(3)乳头式饮水器：系用钢(铜)或不锈钢制造，由带螺纹的钢(铜)管和顶针开关阀组成，可直接装在水管上，利用重力和毛细管作用控制水滴，使顶针端部经常悬着一滴水。鸡需水时，触动顶针，水即流出；饮毕，顶针阀又将水路封住，不再外流。这种饮水器安装在鸡头上方处，让鸡抬头喝水。安装时要随鸡的大小改变高度。雏贵妃鸡用乳头式饮水器，每个饮水器可供 10～20 只雏贵妃鸡或 3～5 只成年贵妃鸡饮水。

4. 饲料加工设备

现代化、高效益的养殖生产，大多采用配合饲料。因此，各养鸡场必须备有饲料加工设备，对不同饲料原料，在喂饲之前进行一定的粉碎、混合。

(1)饲料粉碎机：一般饲料在加工全价配合料之前，都应粉碎。粉碎的目的主要是提高鸡对饲料的消化吸收率，同时也便于将各种饲料混合均匀和加工成多种饲料(如粉状等)。在选择粉碎机时，要求机器通用性好(能粉碎多种原料)，成品粒度均匀，结构简单，使用、维修方便，作业时噪声和粉尘应符合规定标准。

目前生产中应用最普遍的多为锤片式粉碎机，这种粉碎机主要是利用高速旋转的锤片来击碎饲料。工作时，物料从喂料斗进入粉碎室，受到高速旋转的锤片打击和齿板撞击，使物料逐渐粉碎成小碎粒，通过筛孔的饲料细粒经吸料管吸入风机，转而送入集料筒。

(2)饲料混合机：一般配合饲料厂或大型养殖场的饲料加工车间，饲料混合机是不可缺少的重要设备之一。混合按工序大致可分为批量混合和连续混合两种。批量混合设备常用的是立式混合机或卧式混合机，连续混合设备常用的是桨叶式连续混合机。生产实践表明，立式混合机动力消耗较少，装卸方便；但生产效率较低，搅拌时间较长，适用于小型饲料加工厂。卧式混合机的优点是混合效率高，质量好，卸料迅速；其缺点是动力消耗大，一般适用于大型饲料厂。桨叶式连续混合机结构简单，造价较低，适用于较大规模的专业户养鸡场使用。

5. 捕捉网

贵妃鸡具有一定的野性，因此养殖贵妃鸡要配置捕捉网。捕捉网是用铁丝制成一个圆圈，上面用线绳结成一个浅网，后面连接上一个木柄，适于捕捉单个贵妃鸡。

6. 网床

采用平养方式的要设置网床，网上育雏即在离地面 50～60 厘米高处，架上丝网，把雏鸡饲养在网上。网床由底网、围网和床架组成。网床的大小可以根据育雏舍的面积及网床的安排来设计，一般长为 1.5～2 米，宽 0.5～0.8 米，床距地面的高度为 50～60 厘米。床架可用三角铁、木、竹等制成，床底网可采用 1.25 厘米×1.25 厘米规格网目，在育 0～21 日龄的幼雏时在底网上铺一层 0.5 厘米×0.5 厘米网目的塑料网即可。网床的四周应加高度为 40～50 厘米(底网以上的高度)的围网，以防雏鸡掉下网床。

7. 垫料

采用地面育雏的垫料选择应根据当地具体条件而定，原则是不霉，不呈粉末状。

鸡舍内铺设垫料，能保持鸡群健康，有助于种蛋的清洁。小片状的木刨花是理想的垫料，它有良好的吸水性能，并有弹性，不易造成垫料板结。此外，切短的稻草也是良好的垫料，因其两端吸水。为提高稻草作为垫料的利用率，应将其切成 1～2 厘米长为好。其他很多植物产品，只要具备良好的吸水性，均可选作养鸡垫料，如稻谷壳、麦秕、锯木屑、碎玉米、穗芯等。

垫料的使用量应视气温而变，雏鸡群于寒冷气温下饲养，垫料应铺放厚些(5 厘米以上)，较暖和季节则垫料厚度可酌减。垫料形态的选用也很重要，特别是雏鸡，过于干燥又呈粉末状的垫料，其尘埃常导致机械性刺激，是引发呼吸道疾病的原因之一，使用此类垫料时，除应适当增高室内湿度(短时间)外，还应在垫料上适量喷些水。但垫料过于潮湿，同样也不利于鸡的饲养，有可能增加雏鸡球虫病或霉菌病发生的危险。故垫料的物理性质及几何形态也是养鸡、特别是育雏成败的关键之一，应予以必要的重视。

8. 通风换气设备

冬季，为了保持良好的空气；夏季，为了防暑降温及排除湿气，一般均采用机械设备进行通风。通常，空气由前窗户进入鸡舍，由后墙窗户排出，造成空气对流，以达到通风换气的目的。在冬季窗户关闭，或夏季无风，空气对流缓慢时，舍内空气污浊，则需另外装置通风设施，目前常采用风扇通风。可在鸡舍后墙装上风扇，使经前窗进入的空气由风扇排出。良好的通风应是进入鸡舍的空气量与排出鸡舍的空气量相等。而排出的空气量又视鸡舍内鸡只数量、体重及气温高低而定。鸡舍的排出风量稍大于进入的风量（负压通风），以达到最佳的换气效果。气流的流动，带走了周围的热量，达到了降温的效果；但是在使用机械通风时，要避免进入鸡舍的气流直接吹向鸡群。

9. 光照设施

市场上出售的照明用具有灯泡、日光灯、节能灯、调光灯、定时器和光照自动控制仪。每 20 平方米安装一个带灯罩的灯头，每个灯头准备 40 瓦和 15 瓦的灯泡各一个。1～6 日龄用 40 瓦灯泡，7 日龄后用 15 瓦灯泡。用日光灯和节能灯可节约用电量 50%以上。

10. 清粪设备

活着的鸡只每天都排放出一定量的粪便。鸡的粪便放置时间过长或积聚过多，在一定的条件下，容易放出异味和对鸡、人有害的气体，且容易使疾病传播。故对鸡粪便必须及时处理。处理鸡粪的方法有自然干燥、机械或人工清粪等。

人工清粪劳动量较大，但工具简单，绝大多数的鸡场和专业户鸡场都采用人工清粪。

机械化清粪主要用于机械化程度较高的大型鸡场，它具有清除干净、减轻劳动强度、提高工作效率的特点。地面刮板式除粪机主要由电动机、减速器、卷筒、转角轮、刮板和钢丝绳等组成。刮粪板的形式多种多样，但其原理基本一致。开动电动机作正转和反转各一次，使刮粪板作一次来回移动。它只有向一个方向移动时才能刮粪，反向移动为空行。如果鸡舍较长，常采用分节多刮板清粪。

此外，还有利用水枪的冲力来清粪的，这种方法比较简单而且干净，但需较多量的水，且冲出舍外的鸡粪不便于作有机肥料使用，易造成对环境的污染。

11. 其他用具

(1)围网：选取的场地四周进行围网圈定，围网的面积可以根据鸡只的多少和区域情况确定。围网方式可采取多种方式，如塑料网、尼龙网等，设置的网眼大小和网的高度，以既能阻挡贵妃鸡只钻出或飞出(网高一般 2～3 米)又能防止野兽的侵入为宜。围栏每隔 2～3 米打一根桩柱，将网捆在桩柱上，靠地面的网边用泥土压实。所圈围场地的面积，每个小区面积以 1000 平方米为宜。

(2)护板：用木板、厚纸或席子制成。保温伞周围护板用于防止雏贵妃鸡远离热源而受凉。护板高 45～50 厘米，与保温伞边缘距离 70～90 厘米，随日龄的增加可逐渐拆除。

(3)幼雏转运箱：可用纸箱或塑料筐代替，一般高度不低于 25 厘米，如果一个箱的面积较大，可分隔成若干小方块。也可以用木板自己制作，一般长 40 厘米，宽 30 厘米，高 25 厘米。在转运箱的四周钻上通风孔，以增加箱内的空气流通。

(4)集蛋用具：蛋箱、蛋盒或蛋筐。

另外，还要配置注射器、称重器、铁锹、扫帚、粪车、秤、喂料器、喂料车、普通温度计、干湿球温度计等。

三、放养场舍建筑及设备

雏鸡长成育成鸡，生理机能逐渐完善，对温度和外界环境的适应能力也逐渐得到了增强。这时采用圈养方式的可以继续原舍饲养或转到育成舍，采用放养方式的可以把育成鸡转到放养地育成舍进行饲养。

（一）放养场舍建筑

采用放养方式的为了避免再建成年贵妃鸡过夜舍，育成舍的面积可按将来成年贵妃鸡的数量设计，设计时要留有余地，舍内分段利用。育成舍或成年贵妃鸡舍无论建成何种样式棚内都必须设置照明设施。

1. 育成舍（成年贵妃鸡过夜舍）

育成舍用于饲养育成鸡，此期贵妃鸡的生活能力逐渐增强，所以最基本要求是夏季能通风防热，北方的冬季能防寒保暖，室内要保持干燥。要求因地制宜，建永久式、简易式均可，最好建经济实用型的。这一时期是幼雏长骨架、长肌肉、脱旧羽换新羽且机体各个器官发育成熟的时期，鸡群需要相对多的活动和锻炼，以便将来适应放养。因此育成舍应用围栏或围网圈有锻炼运动场（兼作喂料场），运动场的面积，一般应为鸡舍面积的 2～3 倍。

（1）简易棚舍：在放养区找一背风向阳的平地，用油毡、帆布及茅草等借势搭成坐北朝南的简易鸡舍，可直接搭成金字塔型，南边敞门，另外三边可着地，也可四周砌墙，其方法不拘一格。要求随鸡龄增长及所需面积的增加，可以灵活扩展，棚舍能保温，能挡风。只要不漏雨、不积水即可。或者用竹、木搭成“人”字形框架，两边滴水檐高 1 米，顶盖茅草，四周用竹片间围，做到冬暖夏凉，鸡舍的大小、长度以养鸡数量而定。

(2)砖混型:在放养区边缘找一背风向阳的平地搭建鸡舍(不宜建在昼夜温差太大的山顶和通风不良、排水不便的低洼地),鸡舍的走向应以坐北朝南为主,利于采光和保温,大小长度视养鸡数量而定,四面用砖垒成1米高的二四墙,墙根部不要留通气孔,以防鼠或其他小动物钻入鸡舍吃鸡蛋或惊鸡。四道墙上可全部为窗户或用固定的木杆或砖垛当柱子,空的部分用木栅、帆布、竹子或塑料布围起来,可大大降低建设成本,南边留门便于鸡群晚上归舍和人员进出。

鸡舍的建筑高度2.5～3米,长度和跨度可根据地势的情况和将来放养鸡晚上休息的占地空间来确定。鸡舍的顶部呈拱型或人字型,顶架最好架成钢管结构或硬质的木板,便于有力支撑上覆物防止风吹,顶上覆盖物从下向上依次铺设双层的塑料布、油毛毡、稻草垫子,最外层石棉网或竹篱笆压实同时用铁丝在篱笆外面纵横拉紧,以固定顶棚。这样的建筑保暖隔热,挡风又遮雨,冬暖夏凉,且造价低。室内地面用灰土压实或素土夯实,地面上可以铺上垫料如稻壳、锯末、秸秆等,也可以铺粗沙土,厚度要稍高于棚外周围的地势。

(3)塑料大棚鸡舍:塑料大棚鸡舍就是利用塑料薄膜的良好透光性和密闭性建造鸡舍,将太阳能辐射和鸡体自身散发的热量保存下来,从而提高了棚舍内温度。它能人为创造适应鸡正常生长发育的小气候,减少鸡舍不合理的热能消耗,降低鸡的维持需要,从而使更多的养分供给生产。塑料大棚鸡舍的左侧、右侧和后侧为墙壁,前坡是用竹条、木杆或钢筋做成的弧形拱架,外覆塑料薄膜,搭成三面为围墙、一面为塑料薄膜的起脊式鸡舍。墙壁建成夹层,可增强防寒、保温能力,内径在10厘米左右,建墙所需的原料可以是土或砖、石。后坡可用油毡纸、稻草、秫秸、泥土等按常规建造,外面再铺1层稻壳等物。一般来讲,鸡舍的后墙高1.2～1.5

米，脊高为 2.2～2.5 米，跨度为 6 米，脊到后墙的垂直距离为 4 米。塑料薄膜与地面、墙的接触处，要用泥土压实，防止贼风进入。在薄膜上每隔 50 厘米，用绳将薄膜捆牢，防止大风将薄膜刮掉。棚舍内地面可用砖垫起 30～40 厘米。棚舍的南部要设置排水沟，及时排出薄膜表面滴落的水。棚舍的北墙每隔 3 米设置 1 个 1 米×0.8 米的窗户，在冬季时封严，夏季时可打开。门应设在棚舍的东侧，向外开。

(4)利用旧设施改造的鸡舍：利用农舍、库房等其他设备改建鸡舍，达到综合利用，可以降低成本。必须做到通风、保温。一般旧的农舍较矮，窗户小，通风性能差。改建时应将窗户改大，或在北墙开窗，增加通风和采光。舍内要保持干燥。旧的房屋低洼，湿度大，改建时要用石灰、泥土和煤渣打成三合土垫在室内，在舍外开排水沟。

2. 生活区

值班室、仓库、饲料室建在鸡舍旁，方便看管和工作，但要求地势高燥，通风，出水畅通，交通方便。

(二)放养所需设备

1. 食槽

贵妃鸡放养也要补料，可在放养鸡舍内或鸡舍外墙边防雨的地方设置补料料桶或食槽，其规格可按鸡而定，大鸡用大槽，育成鸡用中等槽。成年鸡使用的槽长一般多在 1.5～2 米。槽上口 25 厘米，两壁呈直角，壁高 15 厘米，槽口两边镶上 1.5 厘米的槽檐，防止鸡蹲上休息。圆木棒与食槽之间留有 10 厘米左右的空隙，方便鸡头伸进采食。

2. 饮水设备

饮水设备可以采用水槽、水盆或自动饮水设备。在鸡舍周围可以放置饮水器、盆，保证鸡能不费力气就可以饮到清洁的水。放养期不要把饮水设备放到鸡舍内，要放到鸡舍外墙边防雨的地方。注意每天最好刷洗水槽，清除水槽内的鸡粪和其他杂物，让鸡只饮到干净清洁卫生的水。

3. 栖架

贵妃鸡有登高栖息的习性，因此鸡舍内必须设栖架。栖架由数根栖木组成，栖木可用直径 3 厘米的圆木，也可用横断面为 2.5 厘米×4 厘米的半圆木，以利鸡趾抓住栖木，但不能用铁网或竹架(竹架的弹性很大，鸡又喜欢扎堆生活，时间一长，竹架就会被鸡压变形)。栖架四角钉木桩或用砖砌，木桩高度为 50～70 厘米，最里边一根栖木距墙为 30 厘米，每根栖木之间的距离应不少于 30 厘米。栖木与地面平行钉在木桩上，整个栖架应前低后高，以便清扫，长度根据鸡舍大小而定。栖架应定期洗涤消毒，防止形成“粪钉”，影响鸡栖息或造成趾瘤。

也可搭建简易栖架，首先用较粗的树枝或木棒栽 2 个斜桩，然后顺斜桩上搭横木，横木数量及斜桩长度根据鸡多少而定，最下面一根横木距地面不要过近，以避免兽害。

4. 围网

选取的放养场地四周进行围网圈定，围网的面积可以根据鸡只的多少和区域内树木、植被的情况确定。围网可采取多种方式，如塑料网、尼龙网等，设置的网眼大小和网的高度同样也要 2～3 米。围栏同样每隔 2～3 米打一根桩柱，将尼龙网捆在桩柱上，靠地面的网边用泥土压实。鸡可在栏内自由采食，以免跑丢造成损失。运动场是鸡获取自然食物的场所，应有茂盛的果木、树林或花卉，也可以人工种植一些花、草，草可以供贵妃鸡只采食，树木可以供鸡只在炎热的夏季遮荫，有利于防止热应激。

5. 照明系统和补光设施

放养贵妃鸡补光的方式和其他笼养鸡基本相同，根据日照情况确定补光的时间。由于贵妃鸡放养的季节控制在 3 月到 11 月，所以在放养开始时开始补光，补足光照（自然光照＋补加光照）11 小时，以后每周增加半小时到 1 小时，达到每日 16～16.5 小时为止。补光方式采取每日固定在早上 5 点钟开始补光，一般在天黑约在傍晚 6:30～7:30 开灯，利用贵妃鸡的趋光性，让其自己进入舍内。光照一经固定下来，就不要轻易改变。

6. 遮荫避雨和通风设施

鸡的体温比较高，在放养状态下能够主动寻找凉快的树荫下避暑，而且可以通过沙浴降温，因此鸡舍内不需要降温设备。由于鸡舍采用三面围墙的敞棚状，舍内外的空气交换充分，也没有必要安装风机或风扇。

雨季放养贵妃鸡的避雨十分重要，在围栏区内选择地势高燥的地方搭设数个避雨棚，以防突然而来的雷雨。

第三章　贵妃鸡的营养与饲料

贵妃鸡在不同生长阶段，需要不同的营养。其所需的营养标准目前还缺乏详细资料。可选用家鸡颗粒饲料喂养，用小鸡料喂养1月龄内的小鸡，用中鸡料或大鸡料喂养2～5月龄鸡，种鸡可选用蛋鸡料或种用鸡全价饲料。也可以按照配方自行配制。

第一节　鸡的常用饲料种类

饲料通常可以分为能量饲料、蛋白质饲料、青绿饲料、矿物质饲料及饲料添加剂等。了解各种饲料的营养特点与影响其品质的因素，对于合理调制和配合日粮，提高饲料的营养价值具有重要意义。

一、能量饲料

能量饲料主要是谷实类和茎块类饲料。这类饲料的特点是含淀粉丰富，含少量的蛋白质和脂肪，易消化吸收，其他营养物质含量很少。这类饲料是饲养禽类的主要饲料，约占配合饲料的70%左右。

1. 谷实类

主要有玉米、麦类、稻米、高粱等。

(1)玉米:含能量高,纤维少,适口性强,而且产量高,价格便宜,为禽类的优良饲料。黄玉米的胡萝卜素和叶黄素多,有利于禽类的生长、产蛋,蛋黄及皮肤颜色也鲜黄。喂量可占日粮的35%~65%。玉米与其他谷类比较,钙、磷及B族维生素含量较低。

(2)高粱:高粱中的能量含量与玉米相近,但含有较多的单宁(鞣酸),使味道发涩,适口性差,饲喂过量还会引起便秘。在饲粮中用量不超过10%~15%。

(3)粟:俗称谷子(去壳后称小米)。小米含能量与玉米相近,粗蛋白质含量为10%左右,高于玉米;维生素B_2(核黄素)含量高(1.8毫克/千克),适口性好。在饲粮中用量占15%~20%。

(4)碎米:碎米含能量、粗蛋白质、蛋氨酸、赖氨酸等与玉米相近,适口性好,是禽类良好的能量饲料,一般在饲粮中用量可占30%~50%或更多一些。

(5)大麦:大麦是一种主要的饲料品种,粗蛋白质含量12%,比燕麦略高,可以消化的营养成分多一些。大麦的粗蛋白质的食用价值比玉米佳。氨基酸和玉米差不多,粗脂肪比玉米少,钙、磷的含量比玉米高。喂时必需粉碎,否则不容易消化。由于外皮较厚,配制饲料只能相当玉米用量的85%左右。其效果不如玉米好。用于育雏饲料配方中所占的比例,应在10%左右为宜。

(6)燕麦:燕麦是一种很有价值的饲料作物,粗蛋白质、脂肪含量比小麦高1倍以上。燕麦含有较多的粗纤维,能量较少,营养价值比玉米低。以玉米为主时,加入燕麦,饲料发生的软质黏结,有利于雏禽生长发育,促进禽类羽毛的生长,其配制饲料的含量可占40%。

2. 糠麸类

用于禽类的糠麸类饲料主要是米糠、玉米糠、麸皮、黄面粉(又称次粉)等。这类饲料主要是谷实颗粒的外皮和胚芽等,蛋白质含量比胚乳(核心)部分高,淀粉少,粗纤维多,矿物质含量相应增加。是一类低能量的饲料,但含有丰富的B族维生素。贵妃鸡对这一类饲料的利用率低,在配合饲料中含量很少,除利用其营养物质外,还可利用其粗纤维的作用。

(1)玉米糠:是玉米加工时的副产品,含粗蛋白16.8%,粗纤维5.7%,粗脂肪8.7%,粗灰分4.4%,但钙的含量很低,与磷含量的比例相差很大。

(2)米糠:米糠是指糙米加工成白米时分离出种皮、糊粉层和胚的混合物,而不是农村加工大米时分离出包括谷壳粉在内的米糠,米糠中含有较多的脂肪和蛋白质,含有15.2%的粗蛋白质和约7%的粗脂肪。米糠的营养价值视大米加工程度的不同而异。米糠经压榨提取油脂后的产品称为糠饼,除脂肪含量和能量下降外,其他营养物质和米糠基本相同。

(3)麸皮:麸皮是小麦的种皮、糊粉层和胚的混合物。麸皮的营养价值和米糠一样视加工程度而异。麸皮的饲料价值,除作为营养来源以外,主要利用其轻松、体积大的物理性质,作配合饲料的成分,可改善大量精细饲料的沉重性质,刺激禽类的胃肠蠕动,帮助饲料的消化吸收、排泄粪便。较常用于贵妃鸡种鸡的育成和开产鸡饲料中,但比例不大。

(4)黄面粉:俗称黄粉,又称次粉,是面粉加工的副产品,含能量较高,粗蛋白质占13%~14%,无氮浸出物占70%,是糠麸类中营养价值较高的一种,但其黏性较大,如配合成粉料,适口性较差。

3. 块根和瓜类

马铃薯、甜菜、南瓜、甘薯等含碳水化合物多,适口性强,产量高,易贮藏,也是养鸡的优良饲料,喂饲时注意矿物质的平衡。马铃薯、甘薯煮熟以后喂消化率高。发芽的马铃薯含有毒质,宜去芽后再喂,清洗和煮沸马铃薯的水要倒掉,以免中毒。木薯、芋头的淀粉含量高，习惯蒸煮后拌于其他饲料中喂给，也可制成干粉或打浆后与糠麸混拌晒干贮存。木薯须除皮浸水去毒后喂饲。

4. 糟渣类

主要包括粉渣、糖渣、玉米淀粉渣、酒糟、醋糟、豆腐渣、酱油渣等。这些糟渣类经风干和适当加工也可作为养鸡的饲料，如豆腐渣、玉米淀粉渣，粉渣中含有较多的能量和蛋白质，且品质较好；酒糟、醋糟、糖渣、酱油渣中含B族维生素较多，还含有未知促生长因子。试验证明，用以上糟渣类饲料加入鸡饲料中，不仅可以代替部分能量和蛋白质饲料，而且可以促进鸡的生长和健康，喂量可占饲粮的5%～10%。

二、蛋白质饲料

蛋白质饲料一般指饲料干物质中粗蛋白质含量在20%以上，粗纤维含量在18%以下的饲料。蛋白质饲料主要包括植物性蛋白质饲料和动物性蛋白质饲料及酵母。

1. 植物性蛋白质饲料

主要有豆饼(粕)、花生饼、葵花饼、芝麻饼、菜籽饼、棉籽饼等。

(1)豆饼(粕)：大豆因榨油方法不同，其副产物可分为豆饼和豆粕两种类型。用压榨法加工的副产品叫豆饼，用浸提法加工的副产品叫豆粕。豆饼(粕)中含粗蛋白质40%～45%，矿物质、维生素的营养水平与谷实类大致相似，且适口好，经加热处理的豆饼(粕)是禽类最好的植物性蛋白质饲料，一般在饲粮中用量可占15%～25%。虽然豆饼中赖氨酸含量比较高，但缺乏蛋氨酶，故与其他饼粕类或鱼粉配合使用，或在以豆饼为主要蛋白质饲料的无鱼粉饲粮中加入一定量合成氨基酸，饲养效果更好。

大豆中含有抗胰蛋白酶、红细胞凝集素和皂角素等，抗胰蛋白酶阻碍蛋白质的消化吸收，红细胞凝集素和皂角素是有害物质。大豆榨油前，其豆胚经 130～150℃蒸气加热，可将有害酶类破坏，除去毒性。用生豆饼（用生榨压成的豆饼）喂鸡是十分有害的，生产中应加以避免。

(2)花生饼：花生饼中粗蛋白质含量略高于豆饼，为 42%～48%，精氨酸含量高，赖氨酸含量低，其他营养成分与豆饼相差不大，但适口性好于豆饼，与豆饼配合使用效果较好，一般在饲粮中用量可占 15%～20%。

生花生仁和生大豆一样，含有抗胰蛋白酶，不宜生喂，用浸提法制成的花生饼（生花生饼）应进行加热处理。此外，花生饼脂肪含量高，不耐贮藏，易染上黄曲霉菌而产生黄曲霉毒素，这种毒素对禽类危害严重。因此，生长黄曲霉的花生饼不能饲喂禽类。

(3)葵花籽饼（粕）：葵花籽饼的营养价值随含壳量多少而定。优质的脱壳葵花籽饼粗蛋白质含量可达 40%以上，蛋氨酸含量比豆饼多 2 倍，粗纤维含量在 10%以下，粗脂肪含量在 5%以下，钙、磷含量比同类饲料高，B 族维生素含量也比豆饼丰富，且容易消化。但目前完全脱壳的葵花籽饼很少，绝大部分含一定量的籽壳，从而使其粗纤维含量较高，消化率降低。目前常见的葵花籽饼的干物质中粗蛋白质平均含量为 22%，粗纤维含量为 18.6%；葵花籽粕含粗蛋白质 24.5%，含粗纤维 19.9%，按国际饲料分类原则应属于粗饲料。因此，含籽壳较多的葵花籽饼（粕）在饲粮中用量不宜过多，一般占 5%～15%。

(4)芝麻饼：芝麻饼是芝麻榨油后的副产物，含粗蛋白质 40%左右，蛋氨酸含量高，适当与豆饼搭配喂鸡，能提高蛋白质的利用率。一般在饲粮中用量可占 5%～10%。由于芝麻饼含脂肪多而不宜久贮，最好现粉碎现喂。

(5)菜籽饼：菜籽饼粗蛋白质含量高（占 38%左右），营养成分含量也比较全面，与其他油饼类饲料相比突出的优点是含有较多的钙、磷和一定量的硒，B族维生素（尤其维生素 B_2）的含量比豆饼含量丰富，但其蛋白质生物学价值不如豆饼，尤其是含有芥子毒素，有辣味，适口性差，生产中需加热处理去毒才能作为禽类的饲料，一般在饲粮中含量占5%左右。

(6)棉籽饼：机榨脱壳棉籽饼含粗蛋白质33%左右，其蛋白质品质不如豆饼和花生饼；粗纤维含量18%左右，且含有棉酚。如喂量过多不仅影响蛋的品质，而且还降低种蛋受精率和孵化率。一般来说，棉籽饼不宜单独作为禽类的蛋白质饲料，经去毒后（加入0.5%～1%的硫酸亚铁），添加氨基酸或与豆饼、花生饼配合使用效果较好，但在饲粮中量不宜过多，一般不超过4%。

(7)亚麻仁饼：亚麻仁饼含粗蛋白质37%以上，钙含量高，适口性好，易于消化，但含有亚麻毒素（氢氰酸），所以使用时需进行脱毒处理（用凉水浸泡后高温蒸煮1～2小时），且用量不宜过大，一般在饲粮中用量不超过5%。

2. 动物性蛋白质饲料

主要有鱼粉、肉骨粉、蚕蛹粉、血粉、羽毛粉等。

(1)鱼粉：鱼粉中不仅蛋白质含量高（45%～65%），而且氨基酸含量丰富而且完善，其蛋白质生物学价值居动物性蛋白质饲料之首。鱼粉中维生素A、维生素D、维生素E及B族维生素含量丰富，矿物质含量也较全面，不仅钙、磷含量高，而且比例适当；锰、铁、锌、碘、硒的含量也是其他任何饲料所不及的。进口鱼粉颜色棕黄，粗蛋白质含量在60%以上，含盐量少，一般可占饲粮的5%～15%；国产鱼粉呈灰褐色，含粗蛋白质35%～55%，盐含量高，一般可占饲粮的5%～7%，否则易造成食盐中毒。

(2)肉骨粉：肉骨粉是由肉联厂的下脚料（如内脏、骨骼等）及病畜体的废弃肉经高温处理而制成的，其营养物质含量随原料中骨、肉、血、内脏比例不同而异，一般蛋白质含量为40%～65%，脂肪含量为 8%～15%。使用时,最好与植物性蛋白质饲料配合,用量可占饲粮的 5%左右。

(3)血粉:血粉中粗蛋白质含量高达 80%左右,富含赖氨酸,但蛋氨酸和胱氨酸含量较少,消化率比较低,生产中最好与其他动物性蛋白质饲料配合使用,用量不宜超过饲粮的 3%。

(4)蚕蛹粉:蚕蛹粉含粗蛋白质 50%～60%,各种氨基酸含量比较全面,特别是赖氨酸、蛋氨酸含量比较高,是良好的动物性蛋白质饲料。由于蚕蛹粉中含脂量多,贮藏不好极易腐败变质发臭,而且还容易把臭味转移到鸡蛋中,因而蚕蛹粉要注意贮藏,使用时最好与其他动物性蛋白质饲料搭配,用量可占饲粮的 5%左右。

(5)羽毛粉:水解羽毛粉含粗蛋白质近 80%,但蛋氨酸、赖氨酸、色氨酸和组氨酸含量低,使用时要注意氨基酸平衡问题,应与其他动物性饲料配合使用,一般在饲粮中用量可占 2%～3%。

三、青绿饲料

青饲料是指水分含量为 60%以上的青绿饲料、树叶类及非淀粉质的块根、块茎、瓜果类。青饲料富含胡萝卜素和 B 族维生素,并含有一些微量元素,适口性好,对禽类的生长、产蛋及维持健康均有良好作用。

常见的青饲料有白菜、甘蓝、野菜(如苦荬菜、鹅食菜、蒲公英等)、苜蓿草、洋槐叶、胡萝卜、牧草等。芹菜是一种良好的喂鸡饲料,每周喂芹菜 3 次,每次 50 克左右。用南瓜作辅料喂母鸡,产蛋量可显著增加,且蛋大、孵化率高。

四、粗饲料

各类叶粉含有一定量的蛋白质和较高的维生素,尤其是胡萝卜素含量很高,对禽类的生长有明显的促进作用,并能增强禽类的抗病力,提高饲料的利用率。据报道,叶粉可直接饲喂或添加到混合饲料中喂鸡,能提高蛋黄的色泽,产蛋率可提高13.8%;并能提高雏鸡的成活率,每只鸡在整个生长期内节省饲料1.25千克。饲喂时应周期性地饲用,连续饲喂15～20天,然后间断7～10天。

1. 榆树叶粉

榆树叶粉中粗蛋白质含量达15%以上,还含有丰富的胡萝卜素和维生素E。春、夏季节采集榆树叶,于阴凉通风处晾晒干之后磨成粉状,即可饲用。

2. 紫穗槐叶粉

紫穗槐叶含粗蛋白质约20%～25%,还含有丰富的胡萝卜素和维生素。一般在6～9月份采集紫穗槐叶,晾晒干后粉碎备用。

3. 洋槐叶粉

洋槐叶含粗蛋白质20%以上,并含有多种维生素,是良好的蛋白质和维生素饲料。春、夏季节采集洋槐叶,于阴凉通风处晾晒干,磨成粉状即可饲用。但洋槐叶味较苦,如添加量过大,反而会影响鸡的采食量。

4. 桑叶粉

桑叶粉中蛋白质含量达20%以上,可作为蛋白质补充饲料。将夏季养完春蚕后的多余桑叶或养完秋蚕后的桑叶,采集后自然干燥,加工成粉状,即可饲用。

5. 松针叶粉

松针叶粉含有多种维生素、胡萝卜素、生长激素、粗蛋白质、粗脂肪和植物抗生素,是理想的饲料添加剂。采集幼嫩松针枝叶,摊在竹帘或苇帘上,厚度5厘米,在阴凉处自然干燥后加工成粉状。

加工好的叶粉须用有色塑料袋包装，阴凉保存。松针粉中含有松脂气味和挥发性物质，在鸡饲料中的添加量不宜过高。在种鸡饲粮中用量可占1%～3%，在育成鸡饲粮中用量可占2%～4%。在雏鸡日粮中添加2%松针叶粉，可提高抗病力和成活率；在鸡日粮中添加5%，可明显提高产蛋量，还可以节约饲料。

6. 苜蓿草粉

含粗蛋白质15%～20%，用量可占2%～5%。

五、矿物质饲料

矿物质是指饲料的干物质燃烧后所剩余的灰分，它们都是无机物质。矿物质占鸡体体重的比例仅为4%左右，却在其生长和生产中发挥重要作用。饲料中钙磷含量不足，就会使骨骼发育不良，出现佝偻，种鸡产薄蛋壳或软壳蛋等。矿物质的某些元素如锰、锌、铜等是酶、激素、维生素的组成部分。在贵妃鸡放养条件下，它会自己从土壤中采食到其生长发育所需的矿物质，一般不会缺乏。但采用圈养方式饲养贵妃鸡，鸡只无法自己觅食所需的矿物质，饲料中的矿物质量又不足，所以配合饲料要添加矿物质补充物。

1. 食盐

氯和钠的作用主要维持体液和组织细胞的渗透压，调节机体含水量。另外，钠与钾的相互作用参与神经组织冲动的传递过程。如果鸡日粮中缺乏氯化钠，会引起食欲下降，消化障碍，雏鸡生长发育迟缓，种鸡产蛋下降，蛋重减轻。生产中，主要提供食盐来满足贵妃鸡对氯和钠的需要。鸡的日粮中食盐的含量通常为0.35%～0.5%，注意食盐过量会引起食盐中毒。

2. 骨粉

骨粉是动物骨骼经过高温、高压、脱脂、脱胶粉碎而制成的，它不仅钙、磷含量丰富（含钙 36%，磷 16%），而且比例适当，是禽类很好的钙、磷补充饲料。但由于骨粉价格较高，生产中添加骨粉主要是由于饲料中含磷量不足，在饲粮中用量可占 1%～3%。

自制骨粉可将带残肉的动物骨头（羊骨除外）用高压锅高压焖煮 1～1.5 小时，使生硬的骨头变脆变软，晒干后用锤敲碎或磨成粉即可喂鸡。

3. 贝壳粉

贝壳粉是由湖、海产螺蚌等外壳加工粉碎而成，含钙量在30%以上，且容易被消化道消化吸收，是禽类最好的钙质矿物质饲料。贝壳粉在饲粮中用量雏鸡和育成鸡占 1%～2%，种鸡占4%～8%。贝壳作为矿物质饲料既可加工成粒状，也可制成粉状。粒状贝壳粉既能补充钙，又能起到“牙齿”的作用，有利于饲料的消化，落地散养时可单独放在饲槽里让其自由采食；粉状贝壳粉容易消化吸收，通常拌在饲料中喂给。

4. 蛋壳粉

蛋壳粉是由食品厂、孵化厂废弃的蛋壳，经清洗消毒、烘干、粉碎制成，也是较好的钙质饲料，与贝壳粉、石粉配合使用效果较好。

5. 木炭粉

木炭粉能吸收鸡肠道中的一些有害物质。一般鸡腹泻时在日粮中添加 2%的量饲喂，恢复正常后停喂。

6. 磷酸氢钙

碳酸氢钙为白色无味无臭单斜结晶或粉末，微溶于水，溶于稀盐酸。含钙、磷的比例是 3∶2，接近肉仔鸡需要的平衡比例，用在配合饲料中可同时起到补磷又补钙的作用。

六、饲料添加剂

饲料添加剂的作用主要是完善饲料营养价值，提高饲料利用率，促进贵妃鸡的生长和疾病防治，减少饲料在贮存期间营养物质的损失，提高适口性，增加食欲，改进产品质量等。目前饲料添加剂的品种比较多，按使用性质可分为营养性和非营养性两类。

1. 营养性添加剂

营养性饲料添加剂是指动物营养上必需的那些具有生物活性的微量添加成分，主要用于平衡或强化日粮营养，包括有氨基酸添加剂、维生素添加剂和微量元素添加剂等。使用时应根据使用对象及具体情况，按产品说明书添加。

2. 非营养性添加剂

这类添加剂虽不含有禽类所需要的营养物质，但添加后对促进禽类的生长发育、提高产蛋率、增强抗病能力及饲料贮藏等大有益处。其种类包括抗生素添加剂、驱虫保健添加剂、抗氧化剂、防霉剂、中草药添加剂及激素、酶类制剂等。

(1)抗生素添加剂：抗生素具有抑菌作用，一些抗生素作为添加剂加入饲粮后，可抑制禽类肠道内有害菌的活动，具有抗多种呼吸、消化系统疾病、提高饲料利用率、促进增重和产蛋的作用，尤其在禽类处于逆境时效果更为明显。常用的抗生素添加剂有青霉素、土霉素、金霉素、新霉素、泰乐霉素等，其添加量和作用见表3-1。

表 3-1　禽类饲粮抗生素添加剂用量及其作用

种　类	用量(克/吨)	作　用
青霉素	25～100	促进生长,提高饲料利用率
土霉素	5～200	促进生长,提高产蛋率和饲料利用率,防治慢性呼吸道疾病、传染性肝炎、霍乱、球虫病、鸡白痢等
金霉素	10～500	促进生长,提高饲料利用率
新霉素	70～140	促进生长,提高饲料利用率,防治细菌性肠炎
红霉素	4.5～18.5	促进生长,提高产蛋率和饲料利用率
制菌霉素	50～100	防治霉菌性腹泻
林可霉素	2～4	促进生长,提高饲料利用率
泰乐霉素	4～1000	促进生长,提高饲料利用率,防治慢性呼吸道疾病
杆菌肽锌	40～500	促进生长,提高产蛋率和饲料利用率,防治慢性呼吸道疾病、鼻窦炎、非特异性肺炎

在使用抗生素添加剂时,要注意几种抗生素交替作用,以免禽类肠道内有害微生物产生抗药性,降低防治效果。为避免抗药性和产品残留量过高,应间隔使用,并严格控制添加量,少用或慎用人畜共用的抗生素。

(2)驱虫保健添加剂:在禽类的寄生虫病中,球虫病发病率高,危害大,要特别注意预防。常用的抗球虫药有痢特灵、氨丙啉、盐霉素、莫能霉素、氯苯胍等,使用时也应交替,以免产生抗药性。各种抗球虫药的预防使用剂量及方法见表 3-2。

表 3-2　抗球虫药的预防使用剂量及方法

药　物	使用剂量及方法
呋喃唑酮(痢特灵)	按 0.012%混料或 0.005%混水预防
磺胺二甲氧嘧啶	混水浓度为 125 毫克/千克预防
盐霉素	从 10 日龄开始，用 60～100 毫克/千克混料，连续用至 8～10 周龄，然后减半用量，再用 2 周预防
莫能菌素	用量、用法与盐霉素相同预防
土霉素	按 0.1%混料，连用 10～15 天预防
氯苯胍	按 33 毫克/千克浓度混料预防
球痢灵	按 0.125%混料用于治疗时，按 0.025%混料，连用 3～5 天预防
克球粉	按 0.025%混料，从 2 周龄连续用至 8～10 周龄，然后减量渐停预防
溴氯常山酮	按 0.05%混料预防

(3)抗氧化剂：在饲料贮藏过程中，加入抗氧化剂可以减少维生素、脂肪等营养物质的氧化损失，如每吨饲料中添加 200 克山道喹，贮藏 1 年，胡萝卜素损失 30%，而未添加抗氧化剂的损失 70%；在富含脂肪的鱼粉中添加抗氧化剂，可维持原来粗蛋白质的消化率，各种氨基酸消化吸收及利用效率不受影响。常用的抗氧化剂有山道喹、丁基化羟基甲苯、丁基化羟基氧苯等，一般添加量为 100～150 毫克/千克。

3. 中草药添加剂

中草药添加剂是取自自然界中的药用植物、矿物及其他副产品，具有多种营养成分和生物活性，兼有营养物质和药物的双重作用，既可防治疾病，又能够提高生产性能，不但能直接抑菌、杀菌，而且能调节机体的免疫功能，具有非特异性的免疫抗菌作用。有些中草药是畜禽的天然饲料，适口性好，可起增加食欲、补充营养物质及促进生长等作用，从而提高饲料利用率。

(1)艾叶：艾叶含有丰富的蛋白质、多种维生素、氨基酸和抗生素物质。一般禽类饲粮中可添加2%～5%的艾叶粉。

(2)苍术粉：在禽类饲粮中添加2%～5%苍术粉可以防治禽类传染性支气管炎、禽痘、传染性鼻炎等疾病。

(3)黄芪：黄芪富含糖类、胆碱和多种氨基酸，还含有微量元素硒。能助阳气壮筋骨，长肉补血，抑菌消炎，对痢疾杆菌、炭疽杆菌、白喉杆菌等和葡萄球菌、链球菌、肺炎双球菌均有抗菌能力。雏禽日粮中可添加0.2克黄芪粉。

(4)大蒜：大蒜含有大蒜素，既有抗菌作用，又有驱虫功效。一般加入0.2%～1%大蒜粉于禽类饲粮中。

(5)青蒿：青蒿富含维生素A、青蒿素、苦味素等，可抗原虫和真菌。在禽类饲粮中添加5%青蒿粉，可有效防治球虫病，提高雏禽成活率。

(6)松针粉：含多种氨基酸和丰富的维生素A、B族维生素、维生素C、维生素D、维生素E，尤其以维生素C、B族维生素及胡萝卜素含量最高，还含有多种微量元素和植物杀菌素。一般禽类饲粮中可添加5%的松针粉。

(7)刺五加：在每千克禽类饲料中添加0.15克五加皮粉，产蛋率可提高5%，并能防治禽产蛋疲劳症和病毒性关节炎等疾病。

(8)桉叶：在禽类饲料中加入2%～3%桉叶粉，可预防禽喉支气管类、硬嗉囊、嗉囊下垂等疾病，还可增强禽体抵抗力。

(9)陈皮：在饲粮中加入3%～5%陈皮粉，可增进禽的食欲，促进生长和提高抗病力。

(10)甘草：在饲料中添加3%的甘草粉，对防治咽炎、支气管炎、鸡白痢、佝偻病等有良好效果。

(11)蒲公英:在饲料中添加2%～3%的蒲公英干粉能健胃,增加食欲,促进禽生长,产蛋率也可提高12%。

4. 使用饲料添加剂的注意事项

(1)正确选择:目前饲料添加剂的种类很多,每种添加剂都有各自的用途和特点。因此,应充分了解它们的性能,然后结合饲养目的、饲养条件及健康状况等,选择使用。

(2)用量适当:用量少,达不到目的;用量多既增加饲养成本,还会引起中毒。用量多少应严格遵照生产厂家在包装上的使用说明。

(3)搅拌均匀程度与效果直接相关:饲粮中混合添加剂时,必须搅拌均匀,否则即使是按规定的量饲用,也往往起不到作用,甚至会出现中毒现象。若采用手工拌料,可采用三层次分级拌和法。具体做法是先确定用量,将所需添加剂加入少量的饲料中,拌和均匀,即为第一层次预混料;然后再把第一层次预混料掺到一定量(饲料总量的1/5～1/3)饲料上,再充分搅拌均匀,即为第二层次预混料;最后再把二层次预混料掺到剩余的饲料上,拌均即可。由于添加剂的用量很少,只有多层次分级搅拌才能混匀。

(4)混于干粉料中:饲料添加剂只能混于干饲料(粉料)中,短时间贮存待用才能发挥它的作用。不能混于加水的饲料和发酵的饲料中,更不能与饲料一起加工或煮沸使用。

(5)贮存时间不宜过长:大部分添加剂不宜久放,特别是营养添加剂、特效添加剂,久放后容易受潮、发霉变质或氧化还原而失去作用,如维生素添加剂、抗生素添加剂等。

第二节 饲料的加工调制

饲养禽类的饲料有粉料、颗粒料和碎粒料三种。粉料，是喂幼雏的常见饲料，而颗粒料则需经过机械加工，采用饲料颗粒机挤压成不同规格的粒料。把粒再磨碎，则成碎粒料。贵妃鸡在1～3周内多采用粉料、碎粒料。到4周龄以后以颗粒料为主。喂颗粒料的优点是方便小鸡采食，吃料较快，节省采食时间，由于颗粒碎加工工艺采用高温蒸汽的处理，对饲料起到灭菌、灭虫卵和提高饲料消化吸收的作用；还减少鸡舍内粉尘飞扬影响环境卫生；增加饲养密度等。但经过加工的饲料，会增加饲料成本。

1. 能量饲料的加工

能量饲料的营养价值和消化率一般都比较高，但是能量饲料籽实的种皮、壳、内部淀粉粒的结构等，都能影响其消化吸收，所以能量饲料也需经过一定的加工，以便充分发挥其营养物质的作用。常用的方法是粉碎，但粉碎不能太细，一般加工成直径2～3毫米的小颗粒为宜。

能量饲料粉碎后，与外界接触面积增大，容易吸潮和氧化，尤其是含脂肪较多的饲料，容易变质发苦，不宜长久保存。因此，能量饲料一次粉碎数量不宜太多。

2. 蛋白质饲料的加工

这类副产品能量低，包括棉籽壳、菜籽饼、豆饼、花生饼粕、花生饼、亚麻仁饼等。这类副产品由于粗纤维含量高，作为禽类饲料营养价值低，适口性差，需要进行处理。

(1)棉籽饼去毒法，主要可通过以下几种方法去毒。

①硫酸亚铁石灰水混合液去毒:100 千克清水中放入新鲜生石灰 2 千克,充分搅匀,去除石灰残渣,在石灰浸出液中加入硫酸亚铁(绿矾)200 克,然后投入经粉碎的棉籽饼 100 千克,浸泡 3～4 小时。

②硫酸亚铁去毒:可在粉碎的棉籽饼中直接混入硫酸亚铁干粉,也可配成硫酸亚铁水溶液浸泡棉籽饼。取 100 千克棉籽饼粉碎,用 300 千克 1%的硫酸亚铁水溶液浸泡,约 24 小时后,水分完全浸入棉籽饼中,便可用于喂鸡。

③尿素或碳酸氢铵去毒:以 1%尿素水溶液或 2%的碳酸氢铵水溶液与棉籽饼混拌后堆沤。一般是将粉碎过的 100 千克棉籽饼与 100 千克尿素溶液或碳酸氢铵溶液放在大缸内充分拌匀,然后倒在地上摊成 20～30 厘米厚的堆,地面先铺好薄膜,堆周用塑料膜严密覆盖。堆放 24 小时后,扒堆摊晒,晒干即可。

④加热去毒:将粉碎过的棉籽饼放入锅内加水煮沸 2～3 小时,可部分去毒。此法去毒不彻底,故在畜禽日粮中混入量不宜太多,以占日粮的 5%～8%为佳。

⑤碱法去毒:将 2.5%的氢氧化钠水溶液,与粉碎的棉籽饼按 1∶1 重量混合,加热至 70～75℃,搅拌 30 分钟,再按湿料重的 15%加入浓度为 30%的盐酸,继续控温在 75～80℃,30 分钟后取出干燥。此法去毒彻底,一般不含棉酚。

⑥小苏打去毒:以 2%的小苏打水溶液在缸内浸泡粉碎后的棉籽饼 24 小时,取出后用清水冲洗 2 次,即可达到无毒目的。

(2)菜籽饼去毒法:主要有土埋法、硫酸亚铁法、硫酸钠法、浸泡煮沸法。

①土埋法:挖 1 立方米容积的坑(地势要求干燥、向阳),铺上草席,把粉碎的菜籽饼加水(饼水比为 1∶1)浸泡后装入坑内,2 个月后即可取出饲用。

②硫酸亚铁法:按粉碎饼重的 1%称取硫酸亚铁,加水拌入菜

籽饼中，然后在 100℃下蒸 30 分钟，再放至鼓风干燥箱内烘干或晒干后饲用。

③硫酸钠法：将菜籽饼掰成小块，放入 0.5%的硫酸钠水溶液中煮沸 2 小时左右，并不时翻动，熄火后添加清水冷却，滤去处理液，再用清水冲洗几遍即可。

④浸泡煮沸法：将菜籽饼粉碎，把粉碎后的菜籽饼放入温水中浸泡 10～14 小时，倒掉浸泡液，添水煮沸 1～2 小时即可。

(3)豆饼(粕)去毒法：一般采用加热法。将豆饼(粕)在温度 110℃下热处理 3 分钟即可。

(4)花生饼(粕)去毒法：一般采用加热法。在 120℃左右，热处理 3 分钟即可。

(5)亚麻仁饼去毒法：一般采用加热法。将亚麻仁饼用凉水浸泡后高温蒸煮 1～2 小时即可。

(6)鱼粉的加工：鱼粉加工有干法、湿法、土法 3 种。

干法生产是原料经过蒸干、压榨、粉碎、成品包装去毒的过程。湿法生产是原料经过蒸煮、压榨、干燥、粉碎包装去毒的过程。干、湿法生产的鱼粉质量好，适用于大规模生产，但投资费用大。

土法生产有晒干法、烘干法、水煮法 3 种。晒干法是原料经盐渍、晒干、磨粉去毒的方法。生产的是咸鱼粉，未经高温消毒，不卫生。含盐量一般在 25%左右。烘干法是原料经烘干、磨碎而去毒的方法。原料里可不加盐，成品鱼粉含盐量较低，质量比前一种略好。水煮法是原料经水煮、晒干或烘干、磨粉过程去毒的方法。此法因原料经过高温消毒，质量较好。

3. 青绿饲料的加工

(1)切碎法：切碎法是青绿饲料最简单的加工方法，常用于养禽数量较少的农户。青绿饲料切碎后，有利于禽类吞咽和消化。

(2)干燥法：干燥的牧草及树叶经粉碎加工后，可供作配合饲粮的原料，以补充饲粮中的粗纤维、维生素等营养。

青绿饲料收割期为禾本科由抽穗至开花，豆科从初花至盛花，树叶类在秋季，其干燥方法可分为自然干燥和人工干燥。

自然干燥是将收割后的牧草在原地暴晒 5～7 小时，当水分含量降至 30%～40%时，再移至避光处风干，待水分降至 16%～17%时，就可以上垛或打包贮存备用。堆放时，在堆垛中间要留有通气孔。我国北方地区，干草含水量可在 17%限度内贮存，南方地区应不超过 14%。树叶类青绿饲料的自然干燥，应放在通风好的地方阴干，要经常翻动，防止发热和日晒，以免影响产品质量。待含水量降到 12%以下时，即可进行粉碎。粉碎后最好用尼龙袋或塑料袋密封包装贮藏。

人工干燥的方法有高温干燥法和低温干燥法两种。高温干燥法在 800～1100℃下经过 3～5 秒钟，使青绿饲料的含水量由 60%～85%降至 10%～12%；低温干燥法以 45～50℃处理，经数小时使青绿饲料干燥。

青绿饲料的人工干燥，可以保证青绿饲料随时收割、随时干燥、随时加工成草粉，可减少霉烂，制成优质的干草或干草粉，能保存青绿饲料养分的 90%～95%。而自然干燥只能保持青绿饲料养分的 40%，且胡萝卜素损失殆尽。但人工干燥工艺要求高，技术性强，且需一定的机械设备及费用等。

第三节　配合饲料

动物的身体组成需要各种各样的营养素，单纯一、两种饲料喂鸡不可能满足其生理需要，所以要讲科学养鸡，就是根据贵妃鸡生活、生长过程以及对营养物质的需求来选择若干饲料，换句话说就是根据饲养标准配制出来具有不同营养素比例的饲料，这种饲料各营养成分与比例都适宜贵妃鸡生理需要的，叫配合饲料。

一、日粮的配合原则

日粮就是每只鸡每天采食的饲料种类和数量。日粮中必须包含贵妃鸡维持自身生命和满足生长、繁殖的能量、粗蛋白质、维生素和各种矿物质的营养需要量。一般来说，贵妃鸡的日粮是根据该品种在不同年龄、不同生理状态的营养需要（或饲养标准），考虑多方面的因素后配制的。合理地配制日粮，既可达到满足贵妃鸡对各种营养素的需要，保证正常生长、发育、生产的目的，又可节省饲料及生产成本。饲料成本通常占饲养贵妃鸡总成本的 60%～70%，在保证日粮营养满足的前提下，降低日粮的成本费用对生产经营具有重大的经济意义，所以日粮配合是饲养贵妃鸡中一个生产技术关键。

配合贵妃鸡的日粮一般应遵循如下原则。

(1)要注意饲料种类：配合日粮要参考饲养标准和根据实践经验总结，使日粮达到相应的蛋白质、代谢能量和蛋白与能量的比例，以及各种必需氨基酸和矿物质元素的含量，但任何一种饲料都不能完全符合饲养标准。能量饲料含代谢能高，含蛋白质低，蛋白质饲料含蛋白质高，糠麸类饲料含维生素丰富。因此，需要选用多种饲料，才能各取所长，使各种氨基酸更趋平衡，提高蛋白质生物学价值，保证各种营养素的完善，提高各种饲料的利用率。配合贵妃鸡日粮时各类饲料的比例大致是谷物饲料占 45%～70%，糠麸类占 5%，植物性蛋白饲料占 15%～25%，动物性蛋白质饲料占 3%～7%，矿物质饲料占 3%左右，干草粉占 2%～5%，微量元素和维生素等添加剂占 1%。

(2)考虑饲料的来源：配合日粮要考虑饲料的来源，因地制宜，易于采购、运输和加工、保证满足生产的需要。

(3)注意饲料品质和适口性:变质的饲料对贵妃鸡的危害性很大,鸡对毒素等有害物质的易感性大,耐受力低。另一方面,如果饲料质量差,配合日粮时又没有进行化验分析,配成的日粮就很可能达不到营养要求。配制粉料日粮的适口性对采食量影响较大。如黄面粉黏性大,适口性就比较差。

(4)日粮的配合要相对稳定:日粮的营养成分对贵妃鸡的生长发育有着直接的关系,经常变换饲料种类和配方,日粮中各种营养成分的含量和比例也会随之改变,影响贵妃鸡的采食量和生长速度,所以要改变日粮时,应逐步过渡,使鸡只逐步适应,特别是从高蛋白日粮向低蛋白日粮转变时更应注意。

(5)日粮的配合要有利于降低饲料成本:在保持不降低日粮营养水平的条件下,尽可能选择价格便宜的饲料,筛选最优和最廉价的配方,降低日粮成本,每千克饲料降低几分钱,对一定规模的鸡场来说,其经济利益是不小的。因为饲料成本占总成本的60%~70%,且耗用数量大。

二、饲料的配制方法

喂鸡饲料可以从以下三个方面来解决。

1. 购买饲料

可以从信誉较好的厂家购买所需的小雏鸡料、中鸡(青年鸡)料和育肥鸡料。

2. 自混饲料

从饲料公司门市部购买浓缩饲料,也叫料精。其余原料用自家的玉米粉、豆饼粉、麦麸皮等,料精的添加比例按说明书添加,经过5~6次混合搅拌,即成全价配合饲料,料精包装都注明使用对象、用量、生产日期等。

3. 自己配制饲料

按贵妃鸡饲养标准和营养专家提供的各种饲料配方来进行，自配饲料时可参考以下配方：

(1)育雏期饲料参考配方

配方 1：玉米粉 21%，小麦粉 7%，豆粕粉 8.5%，鱼粉 10%，熟鸡蛋 50%，食盐 0.5%，矿物质添加剂 3%，维生素添加剂 5 克(每 50 千克饲料中的加入量)。

配方 2：玉米粉 28%，小麦粉 8%，豆粕粉 12%，鱼粉 8.5%，熟鸡蛋 40%，食盐 0.5%，矿物质添加剂 3%，维生素添加剂 5 克(每 50 千克饲料中的加入量)。

配方 3：玉米面 20%，熟豆粉 18.5%，麸皮 8%，熟鸡蛋 46%，酵母 2%，骨粉 2%，食盐 0.5%，矿物质添加剂 2.5%，维生素添加剂 0.5%。

(2)育成期饲料参考配方

配方 1：玉米粉 35%，豆饼粉 15%，鱼粉 17.5%，肉粉 16%，羽毛粉 2%，青菜 10%，酵母 2%，贝壳粉 2%，食盐 0.5%，复合维生素 5 克(每 50 千克饲料中的加入量)。

配方 2：玉米粉 46.5%，小麦粉 20%，豆饼粉 15%，鱼粉 10%，食盐 0.5%，矿物质添加剂 8%。

(3)育肥期饲料参考配方

配方 1：玉米粉 56.5%，麸皮 4%，豆饼 18%，菜籽饼 4%，棉籽饼 4%，鱼粉 12%，骨粉 0.5%，贝壳粉 1%。

配方 2：玉米粉 55.5%，麸皮 10%，豆饼 27%，鱼粉 5%，贝壳粉 0.5%，骨粉 1.5%，食盐 0.5%。

配方 3：玉米粉 59.5%，麸皮 7%，豆饼 14%，菜籽饼 4%，棉籽饼 4%，鱼粉 10%，骨粉 0.5%，贝壳粉 1%。

配方 4:玉米粉 74.5%,杂粮 20%,鱼粉 3%,贝壳粉 0.5%,骨粉 1.5%,食盐 0.5%。

(4)成年期饲料参考配方

配方 1:玉米粉 48.5%,小麦粉 18%,豆饼粉 15%,鱼粉 10%,食盐 0.5%,矿物质添加剂 8%,复合维生素 5 克(每 50 千克饲料中的添加量)。

配方 2:玉米粉 58%,豆饼粉 14%,麸皮 15%,鱼粉 8%,贝壳粉 4.5%,食盐 0.5%。

(5)产蛋期的饲料配方

配方 1:玉米粉 38%,小麦粉 22%,高粱粉 6.5%,豆粕粉 15%,鱼粉 10%,食盐 0.5%,矿物质添加剂 8%,维生素添加剂 5 克(每 50 千克饲料中的加入量)。

配方 2:玉米面 50%,熟豆粉 12%,麸皮 12.5%,鱼粉 5%,酵母 2%,青菜 15%,贝壳粉 3%,食盐 0.5%。

配方 3:玉米粉 40%,小麦粉 20%,豆饼粉 18%,鱼粉 10%,高粱粉 5.5%,食盐 0.5%,矿物质添加剂 6%。

配方 4:玉米粉 30%,小麦粉 38%,麸皮 12%,鱼粉 7%,肉骨粉 3%,草粉 2%,石粉 7.6%,食盐 0.4%。

(6)越冬用的饲料参考配方:玉米面 50%,熟豆饼粉 20.5%,新皮 10%,鱼粉 6%,酵母 2%,青菜 8%,贝壳粉 3%,食盐 0.5%。

第四节　饲料的贮藏

1. 玉米贮藏

玉米主要是散装贮藏,一般立简仓都是散装。立简仓虽然贮藏时间不长，但因玉米厚度高达几十米，水分应控制在14%以下，以防发热。不是立即使用的玉米，可以入低温库贮藏或通风贮藏。若是玉米粉，因其空隙小，透气性差，导热性不良，不易贮藏。如水分含量稍高，则易结块、发霉、变苦。因此，刚粉碎的玉米应立即通风降温，装袋码垛不宜过高，最好码成井字垛，便于散热，及时检查，及时翻垛，一般应采用玉米籽实贮藏，需配料时再粉碎。

其他籽实类饲料贮藏与玉米相仿。

2. 饼粕贮藏

饼粕类由于本身缺乏细胞膜的保护作用。营养物质外露，很容易感染虫、菌。因此，保管时要特别注意防虫、防潮和防霉。入库前可使用磷化铝熏蒸，用敌百虫、林丹粉灭虫消毒。仓底铺垫也要彻底做好，最好用砻糠作垫底材料。垫糠要干燥压实，厚度不少于20厘米，同时要严格控制水分，最好控制在5%左右。

3. 麦麸贮藏

麦麸破碎疏松，孔隙度较面粉大，吸潮性强，含脂量多(多达5%)，因而很容易酸败、霉变和生虫，特别是夏季高温潮湿季节更易霉变。贮藏麦麸在4个月以上，酸败就会加快。新磨出的麦麸应把温度降至10～15℃再入库贮藏，在贮藏期要勤检查，防止结露、吸潮、生霉和生虫。一般贮藏期不宜超过3个月。

4. 米糠贮藏

米糠脂肪含量高，导热不良，吸湿性强，极易发热酸败，贮藏时应避免踩压，入库时米糠要勤检查、勤翻、勤倒，注意通风降温。米糠贮藏稳定性比麦麸还差，不宜长期贮藏，要及时推陈贮新，避免损失。

5. 叶粉的贮存

叶粉要用塑料袋或麻袋包装，防止阳光中紫外线对叶绿素和维生素的破坏。另外,贮存场所应保持清洁、干燥、通风,以防吸湿结块。在良好的贮存条件下,针叶粉可保存 2～6 个月。

6. 配合饲料的贮藏

配合饲料的种类很多,包括全价饲料、预混饲料、浓缩饲料等。这些饲料因内容物不一致,贮藏特性也各不相同;因料型不同,贮藏性也有差异。

全价颗粒饲料,因经蒸汽加压处理,能杀死绝大部分微生物和害虫,而且孔隙度大,含水量较少,淀粉膨化后把维生素包裹,因而贮藏性能极好,短期内只要防潮,贮藏不易霉变,也不易因受光的影响而使维生素破坏。

全价粉状配合料大部分是由谷类籽实粉组成,表面积大,孔隙度小,导热性差,容易吸潮发霉。其中维生素因高温、光照等因素而造成损失。因此,全价粉状配合料一般不宜久放,贮藏时间最好不要超过 2 周。

浓缩饲料,蛋白质含量丰富,含各种维生素及微量元素。这种粉状饲料导热性差,易吸潮,有利于微生物和害虫繁殖,也易导致维生素变热、氧化而失效。因此,浓缩饲料宜加入适量抗氧化剂,且不宜长时期贮藏,要不断推陈贮新。

添加剂预混料主要是由维生素和微量元素组成,有的添加了一些氨基酸、药物或一些载体。这类物质容易受光、热、水、气影响,要注意存放在低温、遮光、干燥的地方,最好加入一些抗氧化剂,贮藏期也不宜过久。维生素添加剂也要用小袋遮光密闭包装,在使用时,以维生素作添加剂再与微量元素混合,效价影响不会太大。

第五节　活饵料的培育

一、黄粉虫的培育

黄粉虫的营养价值很高，是幼鸡、成鸡的理想活饵料。

黄粉虫又叫面包虫，适应性强，病害和天敌少，食性杂，饲料价廉而且来源广，培育技术简单。

黄粉虫还可以立体生产，可以在居室中养殖，而且养殖成本很低，一般 1.5～2 千克的麦麸就可以培育 0.5 千克黄粉虫。在自然温度条件下，南方的黄粉虫可以繁殖 3 代；如果适当控制温度和湿度，黄粉虫的生长速度和繁殖次数还可以增加。

1. 生活史

和所有昆虫一样，一个世代要经过卵→幼虫→蛹→成虫（蛾）四态的变化，大约需要 4～5 个月。人工饲养时，1 只雌虫 1 年可繁殖 2000～3000 只幼虫。黄粉虫个体变态很不整齐，因此在活动期可同时出现卵、幼虫、蛹和成虫。

（1）卵：乳白色，椭圆形，米粒大小。卵的外面是卵壳，起保护作用，里面是卵黄。刚产出的卵又有黏性，常黏有饲料的碎屑。卵最适宜的孵化条件为温度 19～26℃，相对湿度 78%～85%。卵的孵化时间随温度高低而异，10～20℃时需 20～25 天，25～30℃时只需 4～7 天。

（2）幼虫：刚孵出的幼虫很小，长约 3 毫米，乳白色。1～2 天后开始进食，并进行第一次蜕皮。如果温度在 25～30℃，饲料含水量在13%～18%，大约8天蜕去第一次皮，变为2龄幼虫，体长增至5毫米。以后大约在35天内又经过6次蜕皮，最后成为8龄老熟幼虫，这时幼虫呈黄色，体长增至20～25毫米。

幼虫在蜕皮过程中，每蜕皮1次，体长均明显增加。幼虫有13个体节，其中头节1节、腹节8节、胸节3节、尾节1节；头部口器黑色，有1对颚和1对触角；眼小，仅有感光作用。幼虫生长最适的温度为25～29℃，相对湿度80%～85%，气温低于10℃时极少活动，低于0℃或高于35℃时则可能被冻死或热死。幼虫很耐旱，但在较干燥的情况下，幼虫有互相残食的习性。幼虫昼夜都能活动、摄食。在适宜的温度25～28℃，相对湿度50%～80%时，8龄幼虫约经过10天即变成蛹。

（3）蛹：末龄幼虫化为蛹，蛹光身睡在饲料堆里，并无丝茧包被，有时还能自行活动。刚形成的蛹为乳白色，以后逐渐变黄、变硬，长约16毫米，头大尾小，两边有棱角，3天后颜色加深变成黑褐色。雄蛹乳状突起较小，不显著，基部愈合，端部伸向后方；雌蛹乳状突起大而显著，端部扁平稍骨化，显著向外弯。蛹常浮在饲料的表面，即使把它放在饲料底下，不久也会爬上来。黄粉虫的蛹期较短，温度在10～20℃时，15～20天即可羽化成蛾；25～30℃时，6～8天就能羽化成蛾。蛹期要求的最适温度为26～30℃，最适相对湿度为78%～85%。

（4）成虫：初羽化出的成虫为白色，逐渐转变为黄棕色、深棕色，2～3天后转变为黑色，有光泽。此时开始觅食。成虫体长14～19毫米。

成虫尾节只1节，雄性有交接器隐于其中，交配时伸出；雌性有产卵管隐于其中，产卵时突出。成虫羽化后4～5天开始交配、产卵，交配昼夜进行，但夜晚多于白昼。成虫一生中多次交配，多次产卵。每次产卵6～15粒，每只雌成虫一生可产卵30～350粒。最适宜成虫生活的温度为26～28℃，相对湿度为78%～85%，成虫昼夜都能活动、摄食。

2. 生活习性

(1)温度:黄粉虫较耐寒,越冬老熟幼虫可耐受－2℃,低龄幼虫在0℃左右即大批死亡。0℃以上可以安全越冬,10℃以上可以活动吃食。生长发育的适宜温度为25～28℃,超过32℃会热死。4龄以上幼虫,当气温在26℃时,饲料含水量在15%～18%时,应急降温。黄粉虫较耐寒,老龄幼虫可耐受－4℃,低龄幼虫在0℃时即大量冻死,8℃时开始生长发育。

(2)湿度:黄粉虫耐干旱,理想的饲料含水量为15%,空气湿度为50%～80%。如饲料含水量超过18%,空气湿度超过85%,则生长发育减慢,易生病。在特别干燥的情况下,黄粉虫尤其是成虫有互相残食的习性。

(3)食物:黄粉虫在自然界中,多栖息在粮食和饲料仓库中,成为仓库的一大害虫。黄粉虫属杂食性昆虫,吃食各种粮食、油料和粮粕加工的副产品,也吃食各种蔬菜叶。人工饲养时,应该投喂多种饲料制成的混合饲料,如麦麸、玉米面、豆饼、胡萝卜、蔬菜叶、瓜果皮等搭配使用,也可喂鸡的配合饲料。

(4)光线:黄粉虫怕光喜暗。成虫喜欢潜伏在阴暗角落或树叶、杂草或其他杂物下面躲避阳光;幼虫则多潜伏在粮食、面粉、糠麸的表层下1～3厘米处生活。雌性成虫在光线较暗的地方比强光下产卵多。人工饲养黄粉虫应选择光线较暗的地方,或者饲养箱应有遮蔽,防止阳光直接照射,影响黄粉虫的生活。

(5)喜群居:黄粉虫幼虫和成虫均喜欢聚集在一起生活。饲养时,如饲养密度过大,会提高群体内温度而造成高温热死幼虫,同时食物不足导致成虫和幼虫产生食卵和食蛹。

3. 饲养方式

黄粉虫的培育技术比较简单,可进行大面积的工厂化养殖。

工厂化培育时需修建若干间培育室,并在培育室的门窗上装上纱窗,以防止敌害进入。在每间房内安装若干排木架(或铁架),每只木架分 3～4 层,每层间隔 50 厘米,每层放置一个培育槽。培育槽的大小要和放置培育槽的木架相适应。培育槽可用铁皮做成也可以用木板做成。培育槽的规格一般为长 200 厘米、宽 100 厘米、高 20 厘米。如果使用木板做培育槽,应在培育槽的内壁裱贴蜡光纸,使内壁光滑,以防止黄粉虫爬出。

4. 饲料

黄粉虫属杂食性昆虫,吃食各种粮食、油料和饼粕加工的副产品,也吃食各种蔬菜叶。人工饲养时,应该投喂多种饲料制成的混合饲料,如麦麸、玉米面、豆饼、胡萝卜、蔬菜叶、瓜果皮等搭配使用。也可喂鸡的配合饲料。

幼虫和成虫的基础混合饵料配方如下,可供参考。

配方 1　麸皮 45%,面粉 20%,玉米粉 6%,鱼粉 3%,黄豆粉 26%。另外,每 100 千克混合饵料中,添加复合维生素添加剂 3 克、微量元素添加剂 50 克。

配方 2　麸皮 80%,玉米粉 10%,花生饼粉 9%,其他(包括多种维生素、矿物质粉、土霉素)1%。

配方 3　麸皮 60%,碎米糠 20%,玉米粉 10%,豆饼粉 9%,其他(包括多种维生素、矿物质粉、土霉素)1%。

配方 4　麸皮 80%,玉米粉 10%,花生饼粉 10%。

5. 饲养方法

(1)成虫的饲养:成虫饲养的任务是使成虫产下大量的虫卵。当羽化后的成虫,在虫体体色变成黑褐色之前,就要转到成虫产卵箱中饲养。若需转移的数量较少,可以用手捡拾;若需转移的数量较多,可以用鸡毛翎将蛹和成虫扫到一头,在扫开的地方洒上一些新鲜麦麸,再放上一些白菜叶,成虫便会自行转移到新鲜饲料上去，这时便可将成虫迁移到成虫产卵箱中去。成虫产卵箱为长 60 厘米、宽 40 厘米、高 15 厘米的木箱，底部钉上网孔为 2～3 毫米的铁丝网，网孔不能过大，也不能太小。箱内侧四边镶以白铁皮或玻璃，防止虫子逃跑。

放养成虫前在饲养槽中放一层厚约 4 厘米的基础混合饵料，在饵料表面铺一层筛孔直径为 3 毫米的筛网，筛网上再铺一层厚约 5 毫米的基础混合饵料。或先在箱底下垫一块木板，木板上铺一张纸，让卵产在纸上。箱内铺上一层 1 厘米厚的饲料，这样才能使成虫把卵产在纸上而不至于产在饲料中。在饲料上铺上一层鲜桑叶或其他豆科植物的叶片，使成虫分散隐蔽在叶子下面。为了防止过剩的干菜叶发霉，每隔 2～3 天就要将多余的菜叶清除干净。

投放雌雄成虫的比例为 1∶1。一般每平方米可放入成虫 4000～5000 只。

成虫在生长期间不断进食、不断产卵，因此每天要投料 1～2 次，将饲料撒到叶面上供其自由取食。在温度和湿度都适宜的情况下，羽化后的成虫经 5～6 天后便可以进行交配产卵，以后每隔 6～10 天再产一次卵。成虫产卵时多数钻到纸上或纸和网之间的底部，伸出产卵器穿过铁丝网孔，将卵产在纸上或纸与网之间的饲料中，这样可防止成虫把卵吃掉。每隔 3～5 天用鸡毛翎扫开一些饲料，将饲料和成虫移开，将卵转移到幼虫培育槽中，让其自行孵化。然后在原成虫培育槽中重新铺上白纸，将原饲料和成虫放回，让它们继续产卵。

成虫连续产卵 3 个月后，雌虫会逐渐因衰老而死亡，未死亡的雌虫产卵量也显著下降，因而饲养 3 个月后就要淘汰全部成虫，以免浪费饲料和占用产卵箱。

(2)幼虫的饲养：幼虫的饲养是指从孵化出幼虫至幼虫化为蛹这段时间，均在孵化箱中饲养。孵化箱与产卵箱的规格相同，但箱底放置木板。一个孵化箱可孵化 2～3 个卵箱筛的卵纸，但应分层堆放，层间用几根木条隔开，以保持良好的通风。

孵化前先进行筛卵，筛卵时首先将箱中的饲料及其他碎屑筛下，然后将卵纸一起放进孵化箱中进行孵化。卵上盖一层菜叶或薄薄的一层麦麸，在适宜的温度和湿度范围内，6～10 天就能自行孵出幼虫。刚孵出的幼虫和麦麸混在一起，用肉眼不易看得清楚。可用鸡毛翎拨动一下麦麸，如发现麦麸在动，说明有虫。

幼虫留在箱中饲养，3 龄前不需要添加混合饲料，原来的饲料已够食用，但要经常放菜叶，让幼虫在菜叶底下栖息取食。幼虫在每次蜕皮前均处于休眠状态，不吃不动，蜕皮时身体进行左右旋转摆动，蜕皮一次需要 8～15 分钟。随着幼虫的长大，应逐渐增加饵料的投放，同时减小饲养密度。1～3 周龄幼虫每平方厘米放养 8～10 只，4～6 周龄则为 5.5 只，7～9 周龄为 4 只，10～13 周龄为 3 只，14 周龄以上为 1.7 只。幼虫长到第 20～25 毫米或更大时，可收获作饲料。

幼虫的粪便为圆球状，和卵的大小差不多，无臭味，富含氮、磷、钾成分，是良好的有机肥，并含有一定量的蛋白质，可作饲料。幼虫培育槽中的粪便，应每隔 10～20 天清除一次。在清除粪便的前一天，不再添加饲料，待清除粪便后方可喂食。清除粪便的办法是：用筛子筛出幼虫粪便。筛子可用尼龙纱绢做成，对前期幼虫的粪便应用 11～23 目的纱绢做筛布，对中后期幼虫的粪便则用 4～6 目的纱绢做筛布。总之，以能让幼虫粪便筛出，而幼虫又钻不出筛孔为原则。在筛粪时，要注意轻轻地抖动筛子，以免把幼虫弄伤，并注意检查所筛出的粪便中是否有较小的幼虫。若有，可用稍小一些规格的筛子再筛一遍，或者把筛出的粪便都集中放到一个干净的培育槽中喂养一段时间后再筛。

用来留种的幼虫，到 6 龄时因幼虫群体体积增大，应进行分群饲养，幼虫继续蜕皮长大。老龄幼虫在化蛹前四处扩散，寻找适宜场所化蛹，这时应将它们放在包有铁皮的箱中或脸盆中，防止逃走。化蛹初期和中期，每天要检蛹 1～2 次，把蛹取出，放在羽化箱中，避免被其他幼虫咬伤。化蛹后期，全部幼虫都处于化蛹前的半休眠状态，这时就不要再检蛹了，待全部化蛹后，筛出放进羽化箱中，蛹在饲料表面，经过 7 天后就羽化为成虫。

饲养幼虫除了提供足够的饲料外，主要是做好饲料保湿工作，湿度控制在含水量 15%，过于干燥时可喷水，但不宜太湿。可人工调节温度、湿度，使环境条件适宜于卵的孵化。在干燥、低温的秋、冬季节，可用电炉、暖气等加温；用新鲜菜叶覆盖饲养槽，在饲养室内悬挂湿毛巾，以提高空气相对湿度。在高温的夏季，可定时向饲养室房顶浇水降温。

6. 病害防治

黄粉虫的抵抗能力强，很少发病，但也有发病的情况出现，如患软腐病、干枯病等。健壮的成虫，行动有急急忙忙、慌慌张张之态；健壮的幼虫，爬行较快、食欲旺盛。若发现虫体软弱无力、体色不正常，就要检查其是否有病。

(1)软腐病：此病多发生在梅雨季节，主要是因空气湿度大、饲料不干净；或在过筛时用力过大使虫体受伤、或幼虫被咬伤、或细菌感染所致。患软腐病时虫体行动迟缓、食欲下降、粪便清稀、虫体变黑变软，而后便腐烂死亡，或因无力蜕皮而死亡。

防治方法：若发现病虫，及时拣除，以防止互相感染；停喂青饲料，清理残饵和粪便；设法通风排湿；保持适宜的密度；过筛时，动作要轻，以减少虫体受伤的机会；发病后，用 0.25 克金霉素粉拌入 0.5 千克饲料投喂。

(2)干枯病：此病一般在幼虫和蛹中发生，病因不明，在高温干燥的季节易发此病。成虫较少患此病。患病的虫体从头至尾干枯，而后整个虫体枯死，死后体色变黑。

防治方法:干燥季节适当多投喂一些青饲料,或在地上洒些水,以调节湿度;若发现病虫,在饲料中拌些酵母片和土霉素粉,增加含钙质食物,以提高虫体的抗病能力。

(3)壁虎:壁虎很喜欢偷吃黄粉虫,是培育黄粉虫的一大敌害,而且较难防范。一旦培育的黄粉虫被壁虎发现,它会天天夜里来偷吃。有人曾打死一只壁虎后,剖腹检查发现,其肚里有 4 条 20 毫米的黄粉虫幼虫。

防治方法:彻底清扫培育室,堵塞一切壁虎藏身之地,门窗装上纱网,防止壁虎进入。

(4)老鼠:老鼠不仅能吃黄粉虫,而且还偷吃饲料,会把培育槽内搞得一塌糊涂。

防治方法:堵塞鼠洞,关好门窗,最好能在培育室内养一只猫。

(5)鸟类:黄粉虫是一切鸟类的可口饲料,若培育室开窗时,往往有麻雀进入室内偷吃,一只麻雀一次可以偷吃几十条幼虫。

防治方法:关好纱窗,防止鸟类入室,开窗时要有人看护。

(6)蚁害:蚂蚁也喜欢偷吃黄粉虫和饲料。

防治方法:在培育室四周挖水沟防蚁或在培育槽的架脚处撒石灰粉防蚁。

(7)米象:米象又叫米虫,它主要是和黄粉虫争饲料,米象的幼虫还会使饲料形成团块,而影响黄粉虫的生长和孵化。

防治方法:饲料在使用前用高温蒸,以杀死杂虫。

(8)螨:螨类无处不存在,各种螨类对黄粉虫危害极大,会造成虫体软弱、生长缓慢、繁殖力下降。螨类很小,用肉眼很难看得清楚,用低倍显微镜观察,可见到它形似小蜘蛛。

防治方法:搞好室内卫生,培育室在使用之前用甲醛和高锰酸钾消毒(先关好窗,20 平方米的室内用甲醛 100 毫升和 50 克高锰酸钾混在一起喷洒,立即关好门,待 2 小时后打开门窗通气);饲料在使用前,用蒸汽消毒,以杀死螨类;发现螨类时,可把饲料放在阳光下晒5～10分钟，若饲料中是幼龄虫不要晒太长时间；螨类严重为患时，可用40%的三氯杀螨醇喷洒在墙角饲料上（用药一定要慎重，喷药时要戴口罩，施药后要把手清洗干净）。

7. 采收

当黄粉虫长到2～3厘米时，除筛选留足良种外，其余均可作为饲料使用。使用时可直接用活虫投喂。

二、蝇蛆的培育

苍蝇生长繁殖速度惊人。据测算，一对苍蝇4个月能繁育2000亿个蛆。从卵发育到成虫，一般仅需10～11天，如果到出产品，3～4天即可。养殖技术简单，周期短，见效快。

养苍蝇可在室内进行，不受季节和气候条件的影响。遗弃的禽、畜养殖房等均可用于养殖蝇蛆。若有加温条件，一年四季均可养殖。蝇是杂食性、腐食性昆虫，可以利用米糠、麦麸、酒糟、豆渣、果渣、鸡粪、牛粪、猪粪等多种培养料来饲养。

1. 生活史

苍蝇是完全变态昆虫。它的发育过程分为卵、幼虫（蛆）、蛹、成蝇4个时期。不同蝇种的发育时间受温度和环境的影响而不同，如常见的家蝇，在16℃时完成整个生活史需20天，但在30℃时只需要10～12天。

（1）卵：乳白色，香蕉型，前端尖，后端圆，往往几十个或几百个堆在一起。卵发育时间的快慢根据当地的温度而异，温度高时发育快，温度很低，即停止发育。南方一般在13℃以下，北方在8℃以下，即不能孵出。卵需要高湿，相对湿度低于90%，则死亡率高。

（2）幼虫（蛆）：蝇蛆的活动范围一般在孳生物10厘米以内，接近地表处，以腐烂有机物质为食料，气温和营养条件适宜，幼虫期约需 3～5 天。

(3)蛹：成熟幼虫化蛹之前停止取食，即离开高温、高湿环境，爬行到附近干松的土层中静止化蛹。蛹期一般 3～5 天。

(4)成蝇：成熟的蛹破壳而出，羽化为成蝇。刚羽化的蝇为苍白色，外皮柔软，经数小时才能飞行，这一特点有利于杀灭。成蝇羽化后不久即交配，一生产卵约 3 次，多至 4～6 次，每次产卵约 100～150 个。

2. 生活习性

(1)幼虫生活习性：幼虫有畏光性，一般群集潜伏在饲料表层下 2～10 厘米左右摄食。成熟后，摄食停止，并开始离开潮湿的食场到光暗而干燥的地方或较干的食渣内准备化蛹。

(2)成虫生活习性

①交配、产卵：雄性羽化后 18～24 小时，雌性羽化后约 30 小时，达到性成熟，开始交配。绝大多数蝇一生仅交配一次，雄蝇的精液能刺激雌蝇产卵，贮存在雌蝇受精囊中的精子能延续 3 周或 3 周以上，使陆续发育的卵受精，因此雌蝇交配一次可终身受精。

雌蝇产第一批卵的时间长短与温度关系密切，在 35℃时，产卵前期为 2 天，15℃时为 9 天，15℃以下一般不产卵。蝇有卵小管约 100 支左右，每批产卵达 100 个左右，每只雌蝇一生能产卵 10 余批，甚至达 20 批，但每批卵数逐渐减少，一般每只雌蝇终身产卵 4～6 批，每批间隔 3～4 天，终身产卵 400～600 个，多达 1000 个左右。绿蝇为 28～30 天，大头金蝇为 20 天。

②食性和取食行为：苍蝇食性复杂，到处都有它的食源，但不同蝇种，食性有差异。苍蝇取食的行为很特殊，当它接触到食物时先利用足上和喙上的化学感受器辨尝味道，然后取食，取食次数频繁，每几秒取食一次，边吃边吐边拉。

③活动和栖息:苍蝇有趋光性,白天活动,夜间栖息。苍蝇的活动受气温影响。在 4～7℃时活动力很弱,30～35℃时最活跃;45～47℃时死亡;30℃以上停留在荫凉处,秋凉和冬季在阳光下取暖,下雨、刮风入侵室内。

④飞行和扩散:蝇每小时能飞行 6～8 千米,一般活动范围在 1～2 千米以内,常在孳生物 100～200 米半径范围内活动取食。苍蝇的扩散受风向、风速、气味等多种因素影响,还可通过飞机、轮船、汽车等交通工具以及农副产品进入城市,形成被动扩散。

⑤寿命:苍蝇的寿命与温度、湿度、食物以及苍蝇的活动频率有关,通常雌蝇比雄蝇寿命长,雌蝇的寿命一般为 30～60 天,越冬可达半年之久。

3. 饲养方式

饲养成虫分舍养和笼养两种,前者适宜大规模工厂化饲养,需要严防逃逸。后者既适合大规模工厂化饲养,也适宜小规模饲养。我国目前普遍采用笼养来饲养成虫。

(1)养蝇房:种蝇要在蝇房饲养。种蝇房的大小,根据需要建造,也可用旧房改装。门和窗安装玻璃和纱窗,以利调温,壁上安装风扇,以调节空气。房内宜有加温设备,使冬天温度保持 20～32℃,房内相对湿度保持 60%～70%。

为了防止成虫偶然逃逸,造成扩散,或外界成虫飞入饲养房内干扰,养蝇房应设置纱门、纱窗,严加防范。还要特别注意预防老鼠、蚂蚁、蟑螂、蟋蟀等敌害生物,特别是老鼠和蚂蚁的侵害。

另外,利用塑料大棚养殖苍蝇也是一个比较好的方法。塑料大棚长 20 米、宽 4 米,低墙高 2 米、高墙高 3 米。在棚中设置立体纱网,在网中养苍蝇。

(2)蝇笼:饲养成虫的笼子根据饲养规模和条件的不同,可大可小。小笼的规格一般为笼长 50 厘米、笼宽 40 厘米、笼高 30 厘米。这种笼子可以饲养7000～8000个成虫，即每只成虫可占空间7.5～8.5立方厘米。大笼的规格可加一倍或加数倍，饲养成虫的数量也可相应地增加其倍数。无论大笼小笼，均用2毫米网眼固定的窗纱缝制为好。即先将好的窗纱缝成一个密封的方袋状，并在一方的下边开一个横向15厘米、高5厘米左右的小口，在口外再缝上一个相应大小的纱布套，并在笼子的8个角上缝好带子。使用时，将笼子的8个角挂在相应的钉上或棍上，如同挂蚊帐一般，并将笼底托在一个平板上。

4. 饲料

(1)蝇蛆食料：麦麸、米糠、酒糟、豆渣等，均可用于蝇蛆养殖。也可利用发酵过的人、畜粪便，动物废弃物。蝇蛆嗜食猪粪、鸡粪等畜禽粪便。种蝇饵料可用畜禽粪便、打成浆糊状的动物内脏、蛆浆或红糖和奶粉调制的饵料。或用1份黄豆浸水磨浆，放入20份水中搅匀，再加6份鲜禽畜血，盛于平底皿中的海绵上。

(2)饵料配方

①蝇蛆饵料：33.3%猪粪和66.7%鸡粪，或猪粪66.7%、鸡粪33.3%混合发酵腐熟。

②种蝇饵料：20克红糖，10克奶粉，混合溶于100毫升清水中。

5. 饲养方法

(1)蝇种子选育：首先应该选择个体健壮、产卵量高、正值产卵盛期的蝇群的卵块进行强化饲育，即适当稀养，食期添加一部分自然发酵2～3天的麦麸、米糠等，勤加食，勤除渣，使幼虫健壮整齐。

一窝幼虫，虽然饲养管理周到，化蛹仍有2～3天甚至4～5天的先后之差。因此，应选虫体大小、色泽基本一致的幼虫，放在10厘米左右深的盆内，再将这个盛有幼虫的盆放在另一个较大较深、盆底盛有一薄层糠粉之类比较干燥的粉状物的盆内，盆上加盖纸等物，使盆内保持黑暗通风。

成熟的幼虫排干体液后，就会纷纷从粪渣里面往盆外逃逸而掉进大盆底上粉状物内，准备化蛹。如果幼虫阶段发育整齐，1～2天内大部分幼虫可以逃逸出来而化蛹。一般以1～2天内获得的虫体较好，剩下的可作饲料处理。逃逸出来的虫体要放在黑暗、通风、安静的环境中，平铺2～3层，待其化蛹。

等到蛹体外层颜色变为褐色，即化蛹2～3天后，用称重或测量容积的方法计数，或先数1000个蛹，称重，然后按比例称取所要的个数重。或先数1000个蛹，用量筒测容积，然后按比例量取所要求的个体容积。计数以后分别用纱布包好，浸入(1～2)×10^{-4}的高锰酸钾溶液中消毒5分钟，洗净脏物，放入成蝇笼内让其孵化。在正常情况下，如化蛹整齐，而且体质健壮，绝大多数蛹体会集中在1～3天内羽化完毕。

无论幼虫和蛹，都易受老鼠、蚂蚁等的危害。饲养幼虫的猪粪、鸡粪极易逗引外界苍蝇前来产卵，一定要防止这种现象的发生，以免造成种子不纯，或发育不一致。

(2)成虫饲养：在温度为25～28℃，湿度为50％～60％的环境中，饲养成虫的效果最好。

①调节温湿度：放养蝇蛹前，将养蝇房温度调节到24～30℃，相对湿度调节到50％～70％。

②放养蝇蛹：笼子和其他准备工作做好之后，将蝇蛹用清水洗净，消毒，晾干，盛入羽化缸内，每个缸放置蛹5000粒左右，然后装入蝇笼，待其羽化。

③投喂饵料和水：待蛹羽化(即幼蛹脱壳而出)5％左右时，开始投喂饵料和水。饵料放在饲料盆内。如果饲料为液体，则在饲料盆内垫放纱布，让成蝇站立在纱布上吸食饲料。种蝇的饵料可用畜禽粪便、打成浆糊状的动物内脏、蛆浆或红糖和奶粉调制的饵料。目前，常用奶粉加等量红糖作为成虫的饲料。如果用红糖奶

粉饵料，每天每只蝇用量按1毫克计算。以每笼饲养6000个成虫计算，成虫吃掉20克奶粉和20克红糖后，可以收获蝇蛆30千克。

饲养过程中，可用一块长、宽各10厘米左右的泡沫塑料浸水后放在笼的顶部，以供应饮水，注意不要放在奶粉的上面。奶粉加红糖和产卵信息物(猪粪等)分别用报纸托放在笼底平板上，紧贴笼底。成虫便可隔着笼底网纱而吸水、摄食和产卵。

也可在笼内放置饲水盘供水，饲水盘要放置纱布。每天加饲养料1～2次，换水1次。

④安放产卵盘及产卵信息物：当成虫摄食4～6天以后，其腹部变得饱满，继而变成乳黄色，并纷纷进行交尾，这预示着成虫即将产卵。在发现成虫交尾的第二天，将产卵盘放入蝇笼，并把产卵信息物放入产卵盘(或将猪粪疏松撒在报纸上，其下垫上薄膜塑料和硬纸板，放在笼底平板上，以便于成虫产卵)。目前常用猪粪作引产信息物，其引产的效果较好，但是容易黏污笼壁，因而应当经常擦抹。也可用猪粪浸出物浸湿滤纸作为引产信息物，它虽不会污染笼壁，但容易干燥而影响引产效果。引产信息物也可用人工调制：麦麸用0.01%～0.03%碳酸铵水调制，再放些红糖和奶粉，含水量控制在65%～75%，混合均匀后盛在产卵缸内，装料高度为产卵盘的2/3，然后放入蝇笼，集雌蝇入盘产卵。

⑤收卵：每天收卵2次，中午12时和下午16时各收集一次。每次收卵后将产卵盘中的卵和引产信息物一并倒入培养基内孵化，并重新换上新的引产信息物。如此反复进行，直到成虫停止产卵为止。

⑥淘汰种蝇：成虫在产卵结束后，大都自然死亡。死亡的成虫尸体太多时，应适当清除。清除尸体的工作应当在傍晚成虫的活动完全停止以后进行。当全部成虫产卵结束后，部分成虫还需饥饿2天，才可自然死亡。也可将整个笼子取下放入水中将成虫闷死，或用热水或蒸汽杀死。淘汰的种蝇可烘干磨粉作畜禽饲料，淘

汰种蝇后的笼罩和笼架应用稀碱水溶液浸泡消毒，然后用清水洗净晾干备用。

(3)雌雄苍蝇分离：一般羽化后6～8天，雄雌两性已基本交配完毕，可适时分离雄蝇，用以饲养蟾蜍。

①在蝇笼内改产卵盘为产卵缸(普通茶缸)，内盛半缸含水量70%的麦麸，麦麸上放入少量1%～3%的碳酸铵溶液，再放些红糖和奶粉。这种方法可较好地引诱雌蝇产卵。待缸内爬满雌蝇后，将预先制作的纱网袋(大小以能套入为准)悬吊在蝇笼内产卵缸上方，轻缓地放下罩住缸口，轻击缸体，雌蝇即全体飞起，进入纱网袋。

②用有黏性的红糖水浸湿雌活蝇，抖落进容器中，将其捣碎，加上10倍的清水，用卫生喷雾器对蝇笼纱网喷雾(以湿润不滴水为度)。这时已完成交配使命的雄雌蝇虫，在笼中诱卵缸和笼网雌诱液的双重作用下，96%以上数目的雄蝇攀停在笼网上，雌蝇大量落停在产卵缸中。

③将爬满雌蝇并被罩住缸口的产卵缸移出，放入另一新蝇笼，反复5～10次，待缸内不再有大量雌蝇光顾时，把产卵缸取出，即可把笼中的雄蝇作为活体饲料用以饲喂蟾蜍或其他动物。收拢笼中雄蝇的方法有两个：一是将蝇笼中盘、缸类取净，将纱网蝇笼中的雄蝇收拢，捣碎混入饲料，可饲喂蟾蜍等；二是活蝇用浓糖水浸湿，撒上饲料粉，抖落进盆、槽等容器中，任其爬行，可饲喂蟾蜍等。

④将收拢捣碎的雄蝇肉浆，加入到产卵缸中，引诱雌蝇入缸产卵，驱避雄蝇，可为雄雌蝇虫分离带来方便。

⑤羽化的苍蝇生活期为23天左右。15日龄后，随着雌蝇体的老化不再产卵，这时可趁蝇体尚未衰竭，含有充分营养成分之机，将蝇笼中盘、缸水具及食具取出，将纱网蝇笼收拢，利用苍蝇活体喂蟾蜍。

(4)蝇蛆饲养

①饵料：将麦麸加水拌匀，湿度维持在70%～80%，盛入培养盘。一般每只盘可容纳麦麸饵料3.5千克。或用发酵腐熟的猪粪、鸡粪为饵料。将卵粒埋入培养饵料内，让其自行孵化。一般按10千克饵料接种8克(约4万粒)蝇卵。

②饵料的厚度：一般以3～5厘米为宜，夏天不超过3厘米。

③培养：温度以25℃左右为宜。

④适时翻动：培养饵料随着蛆的生长和饵料的发酵，盘内温度逐渐上升，最高可达40℃以上，这会引起蝇蛆死亡，因此要注意降温。

6. 病害防治

要特别注意预防老鼠、蚂蚁、蟑螂、蟋蟀等敌害生物，特别是老鼠和蚂蚁的侵害。

7. 采收

(1)适时收获：在25℃左右气温条件下，蝇卵于接种后8～12小时孵出蝇蛆，经过4～5天，蛆变成黄色时即应收集利用。方法是利用蝇蛆怕光的习性，将料盆置于强光下(露天池就在晴朗的白天进行)，蛆便往下钻，把表层粪料取走，重复多次，最后剩下少量粪料和大量蝇蛆，再用16目孔径的筛子振荡分离。分离出的蝇蛆洗净后，可以直接用来饲喂蟾蜍或其他珍禽，也可将蝇蛆放在50℃条件下烘烤，干燥后加工成粉，贮存备用。

(2)蝇蛆留种：收集蝇蛆时，先用网孔较大的筛子分离出少量体大的蝇蛆，留作种用。将种用的蝇蛆接种在盛有充分发酵、腐熟的畜禽粪料盆中，继续培养。蝇蛆在培养基内发育老熟后，便爬到表层化蛹，这时盆内培养基不宜翻动，待蝇蛆基本化蛹完毕，就可淘蛹晾干，培养种蝇用。

三、蚯蚓的培育

蚯蚓俗称曲蟮，中药称地龙，属于环节动物门、寡毛纲的陆栖无脊椎动物。蚯蚓的分布很广，遍布于全世界。我国蚯蚓有160多种，常见的养殖品种有太平2号、北星2号、赤子爱胜蚓(俗名红蚯蚓)、威廉环毛蚓(俗名青蚯蚓)。蚯蚓生长发育快，繁殖力强，易饲养，养殖技术简单。

1. 生活史

蚯蚓的生活史包括一个生殖细胞的发生、形成和受精，到成蚯的衰老、死亡。人为地一般分为蚓茧形成、胚胎发育和胚后发育三个阶段。

(1)蚓茧形成

①生殖细胞的发生：随着个体生长，生殖腺逐渐发育，其内也逐步进行着生殖细胞的发生过程，到一定的时期，再排入贮精囊或卵囊内，进一步发育成精子或卵子。蚯蚓的卵多为圆球形、椭圆形或梨形。赤子爱胜蚓卵的直径只有0.1毫米，由卵细胞膜、卵细胞质、卵细胞核以及最外面一薄层由卵本身分泌的卵黄膜所构成。

②蚯蚓的交配：雌雄同体，异体交配。

③排卵与受精：排卵是指蚯蚓通过雌孔将卵排出体外的过程，当受精囊孔途经雏蚓茧时，原来交配所贮存的异体精液就排入雏蚓茧内，从而完成受精过程。

④蚓茧形成：从环带开始分泌蚓茧膜及其外面细长的黏液管起，经排卵到雏蚓茧从蚓体最前端脱落、前后封口成蚓茧止，是蚯蚓茧形成的全过程。初产蚓茧多为苍白色、淡黄色，随后逐渐变成黄色、淡绿色或淡棕色，最后可能变成暗褐或紫红色、橄榄绿色。多为球形、椭圆形，有的为袋状、花瓶状或纺锤状，少数为细长纤维

状或管状。蚓茧的含卵量:同种类蚯蚓,蚓茧含卵量不同。有的仅含一个卵,有的则含多个卵。

(2)胚胎发育:蚯蚓的胚胎发育是指从受精卵开始分裂起,到发育为形态结构特征基本类似成年蚯蚓的幼蚓,并破茧而出的整个发育过程(即孵化)。它包括卵裂、胚层发育、器官发生三个阶段。蚯蚓胚胎发育的完成即为蚓茧孵化过程的结束。孵化所需时间及每个蚓茧孵出的幼蚓数,因种类、孵化时的温度、湿度等生态因子而变。赤子爱胜蚓每个蚓茧一般孵出幼蚓1～7条,孵化时间为2～11周。

(3)胚后发育:幼蚓由蚓茧中孵化出来,经生长发育到达性成熟、生殖,然后逐渐衰老以至死亡。蚯蚓的寿命为1～3年。

2. 生活习性

(1)喜温:适宜温度为5～30℃,最适温度在20℃左右,32℃以上停止生长,10℃以下活动迟钝,5℃以下处于休眠状态。

(2)喜湿:白天栖息在潮湿、通气性能良好的中性或微酸、微碱性土壤中,适宜湿度在60%～70%。

(3)怕光:栖息深度一般为10～20厘米,夜晚出来活动觅食。

(4)怕盐:盐料对蚯蚓有毒害作用。

(5)食物:蚯蚓是杂食性动物,以腐烂的落叶、枯草、蔬菜碎屑、作物秸秆、禽畜粪、瓜果皮和造纸厂、酿酒厂或面粉厂的废渣以及居民点的生活垃圾为食。特别喜欢吃甜食,比如腐烂的水果,亦爱吃酸料,但不爱吃苦料和有单宁味的食料。

(6)繁殖:一般4～6月龄性成熟,一年可产卵3～4次,每年3～7月和9～11月是蚯蚓繁殖旺季。蚯蚓的寿命为1～3年。

3. 饲养方式

蚯蚓饲养场所可在室外饲养,也可在室内饲养(水泥池养殖床、多层式箱养、盆养)。饲养场所应遮荫避雨,避免阳光直射,排水、通风良好，湿度适宜，环境安静，无农药和其他毒物污染，并能防止鼠、蛇、蛙、蚂蚁等的危害。

(1)池养：可利用阳台、屋角等闲置地方，建池养殖。在室内用砖砌成 5 平方米大小的方格池，高 25 厘米左右，垫上 10 厘米以上松土。或建成长 2 米、宽 2.5 米、深 0.4～0.5 米的池，或按行距 0.5 米左右一个挨一个地排列建造。

如果地下水位较高，可不挖池底，在地上用砖直接垒池。如果地势高而干燥，可向下挖 40～50 厘米深池，以利于保持池内的温度和湿度。

(2)床养：在地面上直接铺养殖土做成养殖床，养殖床面积5～6 平方米大小，四周设宽 30 厘米、深 50 厘米的水沟，既可排水，又可作防护沟。

(3)缸养：在缸底钻 1～2 厘米圆孔用于排水，铺上 10 厘米厚的养殖土。

(4)盆养：可利用花盆等容器饲养。适合养殖赤子爱胜蚓、微小双胸蚓、背暗异唇蚓等。一般常用的花盆等容器，可饲养赤子爱胜蚓 10～70 条。盆内所投放的饲料不要超过盆深的 3/4。这种养殖方式，盆内土壤或饲料的温度和湿度容易发生变化，需要注意掌握。

(5)箱或筐养：可利用包装箱、纸箱或塑料箱、柳条筐、竹筐等养殖。箱、筐的面积不超过 1 平方米。养殖箱的底部和侧面均应有排水、通气孔。排水、通气孔孔径为 0.6～1.5 厘米。

(6)箱式立体养殖：将相同规格的饲养箱重叠起来，可以进行立体集约化养殖。先做好木箱与架子。架子可用钢筋、角铁焊接或用竹、木搭架，也可用砖、水泥板等材料建筑垒砌。养殖箱长 50 厘米、宽 35 厘米、高 25 厘米左右，放在饲养架子上，一般放 4～5 层。在箱中垫 10 厘米以上松土，上面加盖透气的防逃网。养殖时，注意通风换气、调节温度与土壤湿度，保持土壤的清洁与室内卫生。

(7)沟槽养殖:选择背风遮荫处,开挖沟槽养殖。沟槽长 10 米,宽 2 米,深 60~80 厘米。沟的上面一侧稍低,一侧稍高,有一定的倾斜度。沟底铺 15 厘米厚的养殖土,沟上用薄膜、竹帘、塑料板等防雨材料覆盖,可放养 3000~5000 只蚯蚓。沟的表面四周应开好排水沟,沟底养殖土堆放成棱台形,以排水。

(8)田间养殖:选用地势比较平坦,能灌能排的桑园、菜园、果园或饲料田,沿植物行间开宽 35~40 厘米、深 15~20 厘米的沟槽,施入腐熟的畜禽粪、生活垃圾等有机肥料,上面用土覆盖 10 厘米左右,放入蚯蚓进行养殖。沟内应经常保持潮湿,但又不能积水。这种养殖方式不宜在种植有柑橘、松、枞、橡、杉、桉等的园林中开沟放养。也可进行田间规模养殖。

(9)半地下室养殖:选择背风、干燥的坡地,向地下挖 1.5~1.6 米深、2.5 米宽、长度自定的沟。沟的一侧高出地面 1 米,另一侧高出地面 30 厘米,形成一个斜面,斜面用双层塑料薄膜覆盖。

(10)地下窖养殖:利用人防工事、防空洞、地洞、地坑或土窖等阴暗潮湿保温的地点进行养殖。

(11)塑料棚室养殖:可利用现有的冬季暖棚、温室养殖蚯蚓。

(12)简易堆料养殖:选择地势较高、靠近水源又不积水的平地作养殖场。利用马、牛、羊粪或其他畜禽粪便再加入 30%的干草料拌匀堆沤发酵而成堆料。将堆制好的饲料调节好湿度后铺于选定的地点,堆料宽 1~1.2 米,厚 15 厘米。均匀投入含卵块及幼蚓的蚓种,上面再覆盖厚 5 厘米的堆料。用薄膜覆盖。为防蚯蚓逃逸,用网目 3 毫米的尼龙网围护,或挖水沟围护。

4. 饲料

培育蚯蚓的饲料的调配比例一般为主食(落叶、枯草、废纸等多纤维物质)占 60%,副食(产业废料等)占 40%,含水分以70%~

75%为最佳。在畜禽粪便中，牛粪、猪粪、兔粪都可以作蚯蚓的饲料，其中以兔粪为最好，但是不能用鸡粪。如果用造纸污泥或其他产业废料作蚯蚓的培育饲料，其中再掺进一定比例的稻草和牛粪，制成堆肥或掺进活性污泥 40%和木屑 20%，都可以达到良好的培育效果。

养殖蚯蚓的原料一般要进行堆沤发酵处理，以便蚯蚓取食。

(1)发酵料配方：发酵料配方中，粪料主要是牛粪、马粪、猪粪、羊粪、鸡粪、腐烂的水果、蔬菜等，草料主要是植物秸秆、茎叶、杂草、垃圾等，其中以牛粪和稻草效果最佳，猪粪次之。常见配方如下：

配方一：粪料 60%，作物秸秆或青草 40%。

配方二：粪料 70%，作物秸秆或青草 20%，麦麸 10%。

配方三：牛粪、马粪各 25%，玉米秸 49%，尿素 1%。

配方四：牛粪 60%，稻草或麦草 40%。

配方五：粪料 40%，作物秸秆或青草 57%，石膏粉 2%，过磷酸钙 1%。

(2)原料发酵处理：发酵是将饲料中复杂的高分子有机化合物通过细菌或酵母分解为简单的低分子有机化合物的过程。有机物经过发酵腐熟，具有营养丰富、细、软、烂、易于消化吸收、适口性好等特点。

(3)原料处理：捣碎牛粪等畜禽粪便；粉碎杂草、树叶、稻草、麦秸、玉米秸秆等植物类原料，铡切成 1 厘米左右；将蔬菜、瓜果切剁成小块；剔除碎石、瓦砾、金属、玻璃、塑料等有害物质。

(4)发酵条件

①温度：温度对原料堆的分解发酵有重要影响。微生物适宜生活温度为 15～37℃，其中好气性微生物生活的最适温度为 22～28℃，兼气性微生物生活的最适温度为 37℃左右，耐热微生物生活的最适温度为 50～65℃。

②原料含水量:含水量控制在40%～50%,即堆积后堆底边有些许水流出。

③pH值:微生物对酸碱度反应十分敏感,pH一般在6.5～8.0。过酸可添加适量石灰,过碱可用水淋洗。

(5)堆制发酵

①预湿:将草料浸泡吸足水分,预堆10～20小时。干畜禽粪同时淋水调湿预堆。

②建堆:先在地面上按2米宽铺一层20～30厘米厚的湿草料,接着铺一层厚约3～6厘米的湿畜禽粪。然后再铺厚约6～9厘米的草料、3～6厘米的湿畜禽粪。这样一层粪料、一层草料,交替铺放,直至铺完为止。堆料时,边堆料边分层浇水,下层少浇,上层多浇,直到堆底渗出水为止。料堆应松散,不要压实,料堆高度宜在1米左右。料堆成梯形、馒头形或圆锥形,最后堆外面用塘泥封好或用塑料薄膜覆盖,以保温、保湿。

③翻堆:堆制后第二天堆温开始上升,4～5天后堆内温度可达60～75℃。待温度开始下降时,要翻堆进行第二次发酵。翻堆时要求把底部的料翻到上部,边缘的料翻到中间,中间的料翻到边缘,同时充分拌松、拌和,适量淋水,使其干湿均匀。第一次翻堆1周后,再做第二次翻堆,以后隔6天、4天各翻堆一次,共翻堆3～4次。

(6)发酵饲料处理

①鉴定:培养料发酵30天左右,无臭味、无酸味。色泽为茶褐色。手抓有弹性,用力一拉即断,有一种特殊的香味,即表明发酵腐熟。

②投喂前的处理:将发酵好的培养料摊开混合均匀,然后堆积压实,用清水从料堆顶部喷淋冲洗,直到饲料堆底有水流出,清除有害气体和无机盐类、农药等有害物质。饲料的酸碱度在6.5～8.0都可使用。含水量可控制在37%～40%左右,即用手抓一把

饲料挤捏，指缝间有水即可。若过干，则需加水；若过湿，则要晾干一些。

③试投：使用前，先用少量蚯蚓试验饲养，经1～2昼夜后，如果有蚯蚓自由进入栖息、取食，无任何异常反应，即可大量正式投喂。否则，说明原料腐熟不完全，要继续发酵后才能使用。

(7)注意事项

①冬季要注意选择温暖、避风寒的地方堆料，夏季要注意料堆避免阳光直接照晒。

②冬季堆沤时，因气温较低，应将饲料堆踏实，以减少空气流通，调节发酵速度。

③料堆发酵过程中出现料面塌陷时，要及时用周围的原料填平凹处，以防雨水渗入。

5. 饲养方法

(1)蚓种采集

①蚓种选择：选择蚯蚓种要根据养殖目的和具体情况来定。目前，我国人工养殖的蚯蚓种类主要是赤子爱胜蚓和威廉环毛蚓。赤子爱胜蚓，个体中偏小，生长期短，繁殖率高，食性广泛，易饲养，便于管理，蛋白质含量高，可作人类的美味食品。威廉环毛蚓，个体中等大小，分布广，生长发育较快，个体粗壮，抗病力强，适于大田养殖。

饲料用蚯蚓，可采用环毛蚓、背暗异唇蚓、赤子爱胜蚓、红正蚓等，这些蚯蚓生长发育快。药用蚯蚓种一般多用直隶环毛蚓、秉氏环毛蚓、参环毛蚓和背暗异唇蚓等。改良土壤用蚯蚓种一般多选择微小双胸蚓、爱胜双胸蚓等。沙质土壤，可选择湖北环毛蚓和双颐环毛蚓。

②引种：引种主要指从外地养殖场或蚯蚓种场直接购进蚯蚓种品种。蚯蚓良种主要有太平2号(自日本引进，与赤子爱胜蚓同

属一种)、北星 2 号(与赤子爱胜蚓同属一种)、赤子爱胜蚓(俗名红蚯蚓)、威廉环毛蚓(俗名青蚯蚓)。也可采集野生蚯蚓做种。

③野外采种:野外采种时间,北方地区 6～9 月,南方地区 4～5 月和 9～10 月。选择阴雨天采集。蚯蚓喜欢生活在阴暗、潮湿、腐殖质较丰富的疏松土质中。野外采集蚯蚓种方法有:

扒蚯蚓洞:直接扒蚯蚓洞采集。

水驱法:田间植物收获后,即可灌水驱出蚯蚓;或在雨天早晨,大量蚯蚓爬出地面时,组织力量,突击采收。

甜食诱捕法:利用蚯蚓爱吃甜料的特性,在采收前,在蚯蚓经常出没的地方放置蚯蚓喜爱的食物,如腐烂的水果等,待蚯蚓聚集在烂水果里,即可取出蚯蚓。

红光夜捕法:利用蚯蚓在夜间爬到地表采食和活动的习性,在凌晨 3～4 点钟,携带红灯或弱光的电筒,在田间进行采集。

④蚓种处理:无论是野外采集的蚯蚓种还是外地直接引种,都要经过药物处理、隔离饲养和选优去劣:

药物处理:用 1%～2%福尔马林(甲醛)溶液喷洒在蚯蚓种体上,5 小时后再喷洒一遍清水。

隔离饲养:将药物处理过的蚯蚓种放入单独的器具中饲养,经过 1 周的饲养观察,确认无病态现象,才可放入饲养室或饲养架内饲养。

选优去劣:挑选个体体型大,健壮,活泼,生活适应性强,生长快,产卵率高的蚯蚓作为优种单独饲养。

(2)投放蚓种

①饲养密度:蚯蚓生活史包括繁殖期、卵茧期、幼蚓期和成蚓期。养殖时,前期幼蚓个体小、活动弱,饲养密度每平方米 50 000～60 000 条;后期幼蚓个体长大,活动增强,应扩大养殖面积,每平方米 15 000 万条左右。

在适宜的条件下,威廉环毛蚓饲养密度为每平方米 20 000 条左右;赤子爱胜蚓为每平方米 20 000 条左右。

②饲料厚度:饲料厚度 18～20 厘米。冬季饲料厚度可加厚到 40～50 厘米。

③投种方法

投放成蚓:将蚓种放入饲料内,使其大量繁殖,每隔 10～15 天即可收取蚯蚓。

蚓茧孵化:收集养殖床内的蚓茧,投放在其他的养殖床内孵化。蚓茧的收集:

方法一:将原饲料从床位内移开,新饲料铺在原来床位内,再将原饲料(连同蚯蚓)铺在新料之上。待成蚓为取食新饲料而钻到下面的新饲料层后,取上面的含蚓茧的旧饲料。

方法二:在原饲料床两侧平行设置新饲料床,经 2～3 昼夜或稍长时间后,成蚓自行进入新饲料床。将原料床连同蚓茧和幼蚓取出过筛或放在另外的地方继续孵化。

方法三:收集蚓粪,蚓粪中往往含有许多蚓茧。将含有蚓茧的蚓粪摊开风干,不要日晒。待含水量为 40%左右时,用孔径 2～3 毫米的筛子将蚓粪过筛。筛上物(粗大物质和蚓茧)另置一床,加水至含水量为 60%左右,继续孵化。

④留种:成蚓性已成熟,应挑选发育健壮、色泽鲜艳、生殖带肿胀的蚯蚓,更新原有繁殖群体。也可利用蚓茧留种:收集含有许多蚓茧的蚓粪;将含有蚓茧的蚓粪摊开风干,不要日晒;待含水量为 40%左右时,用孔径 2～3 毫米的筛子将蚓粪过筛;经筛选后的蚓粪继续风干,然后用塑料袋包装贮存备用。

(3)饲养管理

①创造适宜养殖环境:根据蚯蚓生活习性、日常要保持它所需要的适宜湿度和温度,避免强光照射,环境要安宁。冬季应加盖稻草或塑料薄膜保温,夏季遮阳,并洒水降温,保持空气流通。料床温度宜保持在 20～25℃。料床要保持一定湿度,但又不能积水。

一般每隔 3～5 天浇 1 次水，使料床绝对湿度保持在 37%～40%，底层积水不超过 1～2 厘米。养殖床上面可加盖。晚上开灯，防止蚯蚓逃走。

②保持饲料床含氧量：蚯蚓耗氧量较大，需经常翻动料床使其疏松，或在饲料中掺入适量的杂草、木屑。如料床较厚，可用木棍自上而下戳洞通气。

③适时投料：在室内养殖时，养殖床内的饲料经过一定时间后逐渐变成粪便，必须适时给以补料。

上投法：当养殖床表层的饲料已粪化时，将新饲料撒在原饲料上面，约 5～10 厘米厚。

下投法：将原饲料从床位内移开，新饲料铺在原来床位内，再将原饲料（连同蚯蚓）铺在新料之上。

侧投法：在原饲料床两侧平行设置新饲料床，经 2～3 昼夜或稍长时间后，成蚓自行进入新饲料床。

④定期清除蚯蚓粪便：清理蚯蚓粪的目的，是减少养殖床的堆积物，并获得产品，清理时要使蚓体与蚓粪分离。对早期幼蚓，可利用其喜食高湿度新鲜饲料的习性，以新鲜饲料诱集幼蚓；对后期幼蚓、成蚓和繁殖蚓可用机械和光照及逐层刮取法分离，即用铁耙扒松饲料，辅以光照，使蚯蚓往下钻，再逐层刮取残剩饲料及蚓粪，最后获得蚯蚓团。

⑤适时分养：在饲养过程中，种蚓不断产出蚓茧，孵出幼蚓，而其密度也就随着增大。当密度过大时，蚯蚓就会外逃或死亡，因此必须适时分养。

⑥适时采收：适时采收成蚓，调节和降低种群密度，保持生长量和采收量的动态平衡。

6. 病害防治

蚯蚓的病虫害主要有线虫、族虫、螨虫、蛇、青蛙、鸡、白蚁、蚂蚁、蜗牛、老鼠、蜈蚣、蜘蛛等。对于蚯蚓的病虫害主要采取预防为主的办法，即要经常在蚯蚓培育区的周围进行消毒杀菌；培育蚯蚓的容器上面一定要盖上盖子；培育蚯蚓的饲料须经发酵后使用，如果饲料在培育基中发酵就会产生酸、二氧化碳、氨及甲烷气等有害物质而造成蚯蚓逃逸或中毒死亡（蚯蚓的中毒症状为体形改变）；蚯蚓的饲料中，切忌加入盐和化学药品。

7. 采取

收取成蚓可以与补料、除粪结合起来进行，具体方法如下。

（1）光照下驱法：利用蚯蚓的避光特性，在阳光或灯光的照射下，用刮板逐层刮料，驱使蚯蚓钻到养殖床下部，最后蚯蚓聚集成团，即可收取。

（2）甜食诱捕法：利用蚯蚓爱吃甜料的特性，在采收前，可在旧饲料表面放置一层蚯蚓喜爱的食物，如腐烂的水果等，经 2～3 天，蚯蚓大量聚集在烂水果里，这时即可将成群的蚯蚓取出，经筛网清除杂质即可。

（3）水驱法：适于田间养殖。在植物收获后，即可灌水驱出蚯蚓；或在雨天早晨，大量蚯蚓爬出地面时，组织力量突击采收。

（4）红光夜捕法：此法也适于田间养殖。利用蚯蚓在夜间爬到地表采食和活动的习性，在凌晨 3～4 点钟，携带红灯或弱光的电筒，在田间搜寻采收。

（5）干燥逼驱法：对旧饲料停止洒水，使之比较干燥，然后将旧饲料堆集在中央，在两侧堆放少量适宜湿度的新饲料，约经 2 天蚯蚓都进入新饲料中。这时取走旧饲料，翻倒新饲料即可捕捉。

（6）笼具采收法：用孔径为 1～4 毫米的笼具，笼中放入蚯蚓爱吃的饲料。将笼具埋入养殖槽或饲料床内，蚯蚓使陆续钻入笼中采食，待集中到一定数量后，再把笼具取出来即可。

第四章　贵妃鸡的繁育技术

在养殖生产中繁殖是最关键的环节之一，繁殖是一个后代产生，使种族延续的过程。繁殖的成功，对保护物种的遗传多样性有重要意义，同时也意味着种群数量的增长，繁殖数量越多，经济效益会越大。如果不能正常繁殖，种群的数量不增或增加很少，会导致经济效益低或亏损。因此，饲养者应充分重视贵妃鸡繁殖这一环节。

第一节　引　种

到怎样的公司引种，意味着你选择了怎样的合作伙伴。无论到哪个公司选购种鸡，都必须看看这个公司有没有生产许可证、有没有丰富的养殖经验、有没有较强的技术力量、看看规模怎样、管理怎样。生产水平不高的鸡场，是很难提供具有高产能力的种鸡。只有引进生产性能高，遗传性状比较稳定，没有疾病的鸡种，才能达到应有的饲养水平。希望广大养鸡户引种前要特别慎重，多考查，多了解，把好引种关。引种时要根据自己的资金条件选择是引种鸡、雏鸡还是种蛋，切记在购买贵妃鸡过程中要和孵化场或种鸡场签订雏鸡订购合同，保证贵妃鸡的数量和质量，同时确定大致接雏日期，以便育雏舍提前预热和其他准备工作的进行。

一、种鸡的引进

对于初养贵妃鸡的养殖户来说，如何挑选种鸡绝对是大家非常关心的问题。但并不是每个养殖场都能培育出优质高产的种鸡，因为种鸡要经过 3 次严格的挑选，如果其养殖场本身养的不多，是不可能挑选出数量多的合格种鸡的。

1. 成年贵妃鸡的选择

成年贵妃鸡应选择具有典型品种特性的鸡，身体健壮，站立时姿势平稳，走动时步伐自然，动作灵活，尾部上翘。雄鸡外貌无缺陷，第二性征明显，啼叫声高昂。成年母鸡体重 1.1～1.25 千克，公鸡 1.5～1.75 千克。公母比例为 1∶(8～10)。

2. 成年贵妃鸡的运输

买到种鸡后，需要运回自己的养殖场。

(1)运输前的准备

①选择运输方式：可采用运输的方式很多，如各种汽车、火车、轮船等都可以。具体的运输方式要根据路途的远近、人力、财力的情况、运输的季节和所需运送鸡群的数量等情况而定。原则是选用既安全可靠又运输费用低的方式。

②运输笼：贵妃鸡易惊怕人。根据贵妃鸡的这一特性，运输贵妃鸡必须采用封闭式运笼，以减少人为干扰，避免损失。运笼长 100 厘米、宽 60 厘米、高 50 厘米，用 3 厘米×3 厘米方木做成框架，6 个面均用纤维板或纱网围装而成。其中箱的一个侧面的中央开一高 28 厘米、宽 35 厘米的拉门。笼内沿长的一面，在靠近笼门的一头用钉子固定一个长 50 厘米、宽 10 厘米、高 7 厘米的食槽。侧面和上盖每隔 10 厘米钻一直径 2 厘米的面孔，以利通风。然后用打包机在笼上横着捆上两条尼龙带(或铁丝)，以加固运笼。

③饲料准备:应选用贵妃鸡原场的日常饲料,饲料要符合卫生要求,并要根据运输距离、时间和贵妃鸡数量备足饲料。一般每日每只需配合饲料 65～75 克。所备饲料数量最好留有余地,以备不测事件而致运输迟滞。

④人员:贵妃鸡运输的押运人员,要由身体健康,责任心强,有一定工作经验的人来承担。人数要根据运输规模确定。押运人员应携带检疫证、身份证、合格证和畜禽生产经营许可证以及有关的行车手续。

⑤其他用具:要根据饲养管理、维修和防寒、防暑等的需要,备好喂食工具(如食槽、水槽、小水桶、勺等)、绳子、钉子、钳子、小锤、纤维布、苫布、急救药品等。然后与铁路、机场等运输部门以及检疫部门取得联系,进行检疫和办理各种有关手续。

(2)装笼:装笼运输过程中,贵妃鸡的密度应根据贵妃鸡体型大小、气候、路途远近、运输时间等而定。长 100 厘米,宽 60 厘米、高 40 厘米的运笼,一般可容纳成年雄贵妃鸡 12～13 只,成年雌贵妃鸡 10～11 只。为尽量减少对贵妃鸡的干扰,应尽量缩短贵妃鸡在笼内的停留时间。对于生产经营单位,能加以控制的是,尽可能缩短装箱后到装车启运的时间。

(3)运输途中的饲养管理:贵妃鸡装笼后,最好立即装车启运。如需在装车启运前一天装笼,则装完后要喂食,每笼投放一棵白菜,以防贵妃鸡互相叼斗致伤致死。在装车及运输途中应注意以下问题:

①装卸时要轻抬轻放,不要翻转运笼,以尽量使贵妃鸡保持安静,减少撞伤死亡。贵妃鸡运输的成败因素之一就是使贵妃鸡保持安静而不受惊。除注意轻抬轻放运笼外,还要保持笼内黑暗。

②装车时每行笼间要保留 3 厘米距离,以便于通风换气和防止贵妃鸡中暑死亡。

③放笼层数,一般以 4 层笼为宜,最多不超过 5 层。放笼层数

过多,则放笼过高,既不便于管理,还易造成上层笼温度过高。

④喂食要定时定量。冬天或在北方早上 8 点和下午 3 点各喂饲一次,夏天或在南方最好每天喂 3 次,中午喂食要稍稀些,以补充饮水。饲料要保持新鲜不变质,现喂现调制,调制方法是把饲料加入适量水,搅拌均匀,呈干粥样即可。

⑤注意通风换气。夏季运输或运往南方,因气温过高,要适当打开窗门以便通风降温;如汽车运输、夏季最好夜间行驶,中途休息时,尽量把车停在树阴下。冬季运输,要采取防寒、防风、保温措施。

⑥中转换车或在行李车内装笼时,要把两个笼门相对排列,以防跑鸡。汽车运输时,若所运贵妃鸡只数过少时,应在车上装些沙子或土,以减少颠簸。在运输途中要避免急刹车,以减少贵妃鸡互相挤压造成伤亡。冬季要用苫布盖好运笼,以防寒防感冒。夏季要带苫布防雨。装车之后要用绳子把笼捆扎牢固,防止掉笼和颠簸造成损失。

⑦押运人员要认真负责,不能远离贵妃鸡群,要经常检查贵妃鸡笼和笼门、车内温度、贵妃鸡的状态等。如发现坏笼要及时修理;笼门未关严则应关牢,严防跑贵妃鸡。如发现贵妃鸡对着门、窗缝时,要采取回避措施;发现贵妃鸡精神不好与异常情况,则要及时处理;如遇不良天气,要及时采取回避措施。

3. 运回场内的暂养管理

(1)设立隔离检疫场(区):依照国家动物检疫法和动物检疫管理办法的具体规定,事先在场区的下风口处设立隔离检疫场(区)。新引进的贵妃鸡不宜直接放在场内饲养,应在单辟的隔离场或隔离区内暂养观察半个月左右,确认健康无疾患时方可移入场内饲养。

(2)到场后先饮水,后少量喂食:贵妃鸡运抵场内后迅速从运输笼移入笼舍内，先要添加足量饮水，然后喂给少量饲料，饲料要逐渐增加，2～3 天后再喂至常量，以免贵妃鸡因运输后饥饿而大量采食，造成消化不良。

(3)运输工具消毒处理：对所用运输工具，特别是运输器具要及时清理和消毒处理，以备再用。

二、雏鸡的引进

雏鸡选得好与差，和养鸡生产是否进行顺利关系很大，在饲养管理条件和技术水平同等优越的情况下，质量好的鸡苗死亡率低，质量差的鸡苗死亡率较高。故在购买鸡苗时，如何选择健壮的雏鸡，直接关系到贵妃鸡生产的经济效益。

(一)选购雏鸡

由于种用贵妃鸡的健康、营养和遗传等先天因素的影响，以及孵化、长途运输与出壳时间过长等后天因素的影响，初生雏中常出现有弱雏、畸形雏和残雏等，对此需要淘汰。因此，选择健康雏鸡是育雏成功的首要工作。

雏鸡选择应从以下几个方面进行。

1. 选健雏

健雏表现活泼好动，无畸形和伤残，反应灵敏，叫声响亮，眼睛圆睁。而伏地不动，没有反应，腹部过大过小、脐部有血痂或有血线者则为弱雏。

2. 绒毛

健雏绒毛丰满，有光泽，干净无污染。绒毛有黏着的则为弱雏。

3. 手握感觉

健雏手握时,绒毛松软饱满,有挣扎力,触摸腹部大小适中、柔软有弹性。

4. 卵黄吸收和脐部愈合情况

健雏卵黄吸收良好,腹部不大、柔软,脐部愈合良好、干燥,上有绒毛覆盖。而弱雏表现脐孔大,有脐疔,卵黄囊外露,无绒毛覆盖。

5. 体重

初生雏平均体重在 35 克以上,同一品种大小均匀一致。

(二)雌雄鉴别

因为贵妃鸡生产的需要,对初生雏鸡进行雌雄鉴别,将公雏及时淘汰或育肥,可提高鸡群均匀度和饲料报酬,具有明显的经济效益。初生贵妃鸡雏鸡雌雄鉴别的方法主要有羽速鉴别法(彩图 5)、肛门鉴别法(彩图 6)、器械鉴别法等。

1. 羽速鉴别法

因为商品代贵妃鸡有快羽型和慢羽型两个品系,因此出壳后检查雏鸡翼羽生长情况即可鉴别雌雄。检查时,左手握住雏鸡,右手展开初生雏鸡的翅膀,在明亮的光源之下,通过检查翅膀上的主翼羽和覆主翼羽来鉴别(注意必须从翅膀的下面而不是上面进行检查)。翅膀下部边缘长出的羽毛为主翼羽,从翅膀上部边缘长出的为覆主翼羽,它覆盖在主翼羽的表面。检查主翼羽长度与覆主翼羽长度之间的关系比检查这些羽毛的绝对长度更为重要,因为这些羽毛的绝对长度取决于雏鸡出壳时间的长短。

鉴别时主翼羽明显长于覆主翼羽的在快羽型为母雏,而在慢羽型则为公雏。慢羽的类型比较多,有时容易出错,需要引起注意。慢羽主要有 4 种类型:①主翼羽短于覆主翼羽;②主翼羽等长于覆主翼羽;③主翼羽未长出;④主翼羽等长于覆主翼羽,但是前端有 1～2 根稍长于覆主翼羽,这种类型最容易出错。

2. 肛门鉴别法

肛门鉴别法是利用翻开雏鸡肛门观察雏鸡生殖隆起的形态来鉴别雌雄的方法,这种方法的准确率可达到 96%～100%,使用相当广泛。雏鸡出壳后 12 小时左右是鉴别的最佳时间,因为这时公母雏生殖突起形态相差最为显著,雏鸡腹部充实,容易开张肛门,此时雏鸡也最容易抓握;过晚实行翻肛鉴别,生殖突起常起变化,区别有一定难度,并且肛门也不易张开。鉴别时间最迟不要超过出壳后 24 小时。

运用肛门鉴别法进行鉴别雏鸡雌雄的操作手法是由抓握雏鸡、排粪翻肛、鉴别放雏三个步骤组成。

(1)抓雏、握雏:雏鸡抓握的手法有两种,即夹握法和团握法。

①夹握法:将雏鸡抓起,然后使雏鸡头部向左侧迅速移至左手;雏鸡背部贴掌心,肛门向上,使雏鸡颈部夹在中指与无名指之间,双翅夹在食指与中指之间,无名指与小拇指弯曲,将鸡两爪夹在掌面。

②团握法:左手朝鸡雏运动方向,掌心贴着雏鸡背部将其抓起,使雏鸡肛门朝上团握在手中。

(2)排粪、翻肛、鉴别:在鉴别雏鸡之前,必须将粪便排出。用左手大拇指轻压雏鸡腹部左侧髋骨下缘,使粪便排进粪缸内。粪便排出后,左手拇指(左手握雏)从排粪时的位置移至雏鸡肛门的左侧,左手食指弯曲贴在雏鸡的背侧;同时将右手食指放在肛门右侧,右手拇指放在雏鸡脐带处;位置摆放好后,右手拇指沿直线往上方顶推,右手食指往下方拉,并往肛门处收拢,三个手指在肛门处形成一个小的三角形区域,三个手指凑拢一挤,雏鸡肛门即被翻开。看到其中有很小的粒状生殖突起就是雄雏;无突起者就是雌雏。鉴别最好在雏鸡出壳后 12 小时左右进行,时间过长生殖突起常有变化,增加鉴别困难。

(3)翻肛操作注意事项:鉴别动作轻捷,速度要快。动作粗鲁易造成损伤,影响雏鸡的发育,严重者会造成雏鸡的死亡。鉴别时间过长,雏鸡肛门易被排出的粪便或渗出物掩盖无法辨认生殖隆起的状态;为了不使雏鸡因鉴别而染病,在进行鉴别前,每个鉴别人员必须穿工作服和鞋;戴帽子和口罩,并用新洁尔灭消毒液洗手消毒;鉴别雌雄是在灯光下进行的一种细微结构形态的快速观察。灯采用具有反光罩的灯具,灯泡采用 40～60 瓦乳白灯泡;鉴别盒中放置雏鸡的位置要固定而一致。例如,规定左边的格内放雌雏,右边的格内放雄雏,中间的格子是放置未鉴别的混合雏鸡;鉴别人员坐着的姿势要自然,使持续的鉴别不至疲劳;若遇到肛门有粪便或渗出物排出时,则可用左手拇指或右手食指抹去,再行观察;若遇到一时难以分辨的生殖隆起时,则可用二拇指或右手食指触摸,并观察其弹性和充血程度,切勿多次触摸;若遇到不能准确判断时,先看清生殖隆起的形态特征,然后再进行解剖观察,以总结经验;注意不同品种间正常型和异常型的比例及生殖隆起的形状差异。

翻肛后,立即进行鉴别。鉴别后,根据鉴别的结果,将雌雄雏鸡分别放进鉴别盒中。

3. 器械鉴别法

器械鉴别法是利用专门的雏鸡雌雄鉴别器来鉴别雏鸡的雌雄。这种工具的前端是一个玻璃曲管,插入雏鸡直肠,通过直接观察该雏鸡是否具有卵巢或睾丸来鉴别雌或雄。这种方法对于操作熟练者来说,其准确度可达 98%～100%。但是,这种方法鉴别速度较慢;且由于鉴别器的玻璃曲管需插入雏鸡直肠,使雏鸡易受伤害和容易传播疫病，因而使应用受到了限制。

(三)了解相关信息和承诺

为顺利地培育好雏鸡，应尽可能向孵化厂了解一些情况：

①鸡种生产性能、生命力。

②出雏时间和存放环境，如出雏后存放时间过长、温度过低、通风不良，会严重影响雏鸡质量。

③雏鸡接种疫苗情况。

④此批种蛋的受精率、孵化率、健雏率，这些指标越高雏鸡质量越好。

⑤种鸡的日龄、群体大小、种鸡的产蛋率，种鸡盛产期的后代体质等。

⑥种鸡的免疫程序，可推测雏鸡母源抗体水平。

⑦鸡场经常使用什么药品。

⑧有可能的话，再了解一下种鸡群曾发生过什么疾病。

如果可能，在购买雏鸡时，应要求种鸡场有以下的承诺：

①保证马立克疫苗是有效的，对每只鸡的免疫是确实的。

②保证因为鉴别误差混入的公雏在5%以下。

③对日常的饲养管理、疫病预防等给予免费的咨询服务。

(四)雏鸡的运输

现在贵妃鸡生产已达到集约化商品生产水平，绝大部分饲养者都是依靠专业的种鸡场或孵化场提供雏鸡，雏鸡运输工作成为育雏管理的一个重要环节，特别是有些雏鸡需经长途运输才抵达饲养场地，如何避免运输途中的死亡，减少运输过程中对雏鸡的应激，缓解雏鸡体质的下降，已日益引起生产者的重视。

1. 运输方式

雏鸡的运输方式依季节和路程远近而定。汽车运输时间安排比较自由，又可直接送达养鸡场，中途不必倒车，是最方便的运输方式。火车也是常用的运输方式，适合于长距离运输和夏、冬季运输，安全快速，但不能直接到达目的地。

2. 携带证件

雏鸡运输的押运人员应携带检疫证、身份证、合格证和畜禽生产经营许可证以及有关的行车手续。

3. 运输要点

一般认为，雏鸡在出壳 48 小时内可以不饮水不采食，对雏鸡体质健康不会产生明显的影响，因为雏鸡出壳前吸收的卵黄，可以继续供给雏鸡营养，满足其约 48 小时内的营养和水分需要。但卵黄维持雏鸡营养和水分需要的时间长短和雏鸡代谢旺盛与否有密切关系，在气温暖和，天气不干燥时，维持时间可长一些，如气候高温又干燥，维持的时间不超过 36 小时。因此，雏鸡的长途运输如果中途无法停留喂食时，应尽力争取在 48 小时内完成运输过程，超出这个时间越长，对雏鸡健康危害越大。实际上，同一批雏鸡出壳时间有早有迟，相差约 12 小时左右，考虑运输时间时，应把这个因素考虑进去。如长途运输时间较长或气候干燥炎热，可将绿豆芽切成米粒状，撒进箱内，雏鸡会啄食，可缓解脱水发生。

汽车运输时，车厢底板上面铺上消毒过的柔软垫草，每行雏箱之间、雏箱与车厢之间要留有空隙，最好用木条隔开，雏箱两层之间也要用木条(玉米秸、高粱秸均可)隔开，以便通气。

冬季，早春运输雏鸡要用棉被、棉毯遮住运雏箱，千万不能用塑料包盖，更不应将运雏箱放在汽车发动机附近，否则会将雏鸡闷死、热死。车内有足够的空间，保证运输箱周围空气流通良好。运输途中，要时时观察雏鸡动态，防止事故发生。

夏季运输雏鸡要携带雨布，千万不能让雏鸡着雨，着雨后雏鸡感冒，会大量死亡，影响成活率。夏季最好在早晚凉爽时运输雏鸡，以防雏鸡中暑。运输初生雏鸡时，行车要平稳，转弯、刹车时都不要过急，下坡时要减速，以免雏鸡堆压死亡。

运输雏鸡要有专用运雏箱，一般的运雏箱规格为60厘米×45厘米×18厘米的纸箱、木箱或塑料瓦楞箱。箱的上下左右均有若干1厘米洞孔，箱内分成4个格装鸡，如用其他纸箱应注意留通风孔，并注意分隔。每箱装雏鸡数量最多不超过100只为宜，防止挤压。车厢、雏箱使用前要消毒，为防疫起见，雏箱不能互相借用。

经长途或长时间运输的雏鸡，到达饲养地后，先要供给饮水，因为这时雏鸡都有不同程度的脱水，而且供给的饮水最好是带电解质的生理盐水，以利恢复雏鸡体内的液体，维持体液酸碱平衡。

三、种蛋的引进

种蛋品质的好坏与孵化率的高低、初生雏鸡的品质及其以后的健康、生存力和生产性能都有着密切的关系。因此，种蛋必须根据具体情况进行严格认真的挑选。

种鸡生产的鸡蛋并不全是合格种蛋，有一部分是不符合孵化要求的，需要剔除。

1. 种蛋来源

了解种鸡场情况，包括种鸡状况、种鸡群体是否健康、种鸡营养水平等。凡是用来育雏的种蛋，都必须要求来源于饲养、管理正常的健康鸡群，以免出现病症。

2. 种蛋选择

(1)贵妃鸡蛋蛋壳为乳白色，白里带微红。形状大小合适，大小头分明；蛋形呈长椭圆形，蛋重约为38～43克。

(2)种蛋存放时间不超过7日，以3～5天的最好。

(3)表面光滑、洁静、致密均匀，无皱纹、无裂痕和污染。

(4)过大、过小、过圆、过长、有裂纹、过脏的蛋,薄壳蛋、沙皮蛋、钢皮蛋、厚壳蛋、破蛋、蛋壳花斑、气室不正等畸形蛋不能作种用。

3. 种蛋运输

种蛋运输应包装完善,以免震荡而遭破损。常采用专用蛋箱装运,箱内放 2 列 5 层压膜蛋托,每枚蛋托装蛋 30 枚,每箱装蛋 300 枚或 360 枚。装蛋时,大头向上,盖好防雨设备。

如无专用蛋箱,也可用硬纸箱、木箱或竹筐装运。用硬纸箱、木箱或竹筐装蛋时,先把箱底铺一层碎干草,然后一层蛋一层稻壳(或麦糠)分层摆放。摆放完毕后应轻摇一下箱,使蛋紧靠稻壳贴实,这样途中不容易破碎,然后加盖钉牢或用绳子捆紧。

装车时,将蛋箱放在合适的地点,箱筐之间紧靠,周围不能潮湿、滴水或有严重气味。如用汽车、三轮车运输种蛋时先在车板上铺上厚厚的垫草或垫上泡沫塑料,有缓冲震荡的作用。

在运输过程中应尽量避免阳光照晒,阳光会使种蛋受温而促使胚胎不正常发育。由于胚胎不正常发育,蛋箱包装密闭,箱内空气不流动,很易使胚胎死亡,使孵化率下降。高温天气长途运输,也很易导致胚胎不正常发育死亡,特别是气温超过 30℃时。但气温低于 5℃时,种蛋的胚胎虽不发育,也很易致死。在运输过程中,还要注意防止雨淋受潮,种蛋被雨淋后,蛋壳膜受破坏,细菌易于侵入并且大量繁殖。要严防运输过分强烈震动,因为强烈震动可导致气室移位、蛋黄膜破裂、系带断裂等严重情况,造成孵化率下降。

种蛋运输到目的地后,应尽快开箱码盘,如有被破蛋液污染的,可用软布擦干净,随即进行消毒、入孵,不宜再保存。有资料表明,种蛋经运输后尽快入孵可避免孵化率的进一步下降。

第二节　鸡的生殖生理

一、鸡的生殖系统结构和机能

贵妃鸡作为禽类的一种，生殖系统同样分为雌性生殖系统和雄性生殖系统。生殖系统功能是产生新个体，繁育后代，使种族延续。

1. 母鸡

母鸡生殖器官位于体躯左侧，包括一个卵巢和输卵管。

(1)卵巢：卵巢是母鸡的性腺，雌性配子(卵细胞)在这里生长和成熟，雏鸡孵出后，左侧卵巢成为很易辨认的平滑小叶状，一日龄雏的卵巢大小和重量是很小的，平均为 0.003 克，内含有大量卵母细胞，数量 600～500 000 个不等，每个卵母细胞构成卵泡，为其生长和构成卵黄提供必要的物质。由于卵黄物质积聚结果，卵母细胞的体积不断增加，卵巢的活跃活动开始于性成熟之前不久，卵巢呈一串葡萄状，包含大小不同的卵母细胞(重 1～10 克)，小的卵母细胞呈浅灰至白色，成熟后呈橙黄色。

卵巢的激素产物是雌激素、雄激素和孕酮，它们是从表层间质细胞和髓质中产生。可调节卵泡的生长、成熟和排卵，以及输卵管的活动。

(2)输卵管：输卵管从形态上可分为 5 个独立的组成部分。

①漏斗部：朝向卵巢，开口边缘薄，呈伞状形如漏斗，以接纳成熟的卵泡。

②膨大部：最长，弯弯曲曲，黏膜皱褶明显，乳白色卵白就是在这里产生的。

③峡部：短而细，黏膜较透明。主要形成卵壳膜。

④子宫部：扩大成囊状。壁较厚，灰红或淡灰色。卵在此处形成卵壳和卵壳色素。

⑤阴道部：短，弯曲成"S"形。

2. 公鸡

公鸡的生殖器由本身的生殖腺（睾丸）及副性腺（附睾）、输精管、精囊和生殖乳头组成。阴茎退化形成射精沟。

（1）睾丸：对称的位于脊柱的两边，靠近肾的前端，形状椭圆形，颜色乳黄色或深乳黄色。成年公鸡睾丸重量大约为其体重的1%～2%。睾丸由大量的小曲管组成，小曲管间的空隙被血管和淋巴管以及间质细胞所充满。睾丸主要功能是生产精子，分泌雄性类固醇激素（睾酮）。

（2）附睾：被睾丸总囊所包围，呈长椭圆形位于睾丸的背侧面，色深黄，鸡的附睾发育较差，只有在睾丸活动期才明显扩大。

（3）输精管：为细的曲管，管的上部腹面上有输出的横静脉，而下部与输尿管平行。在性活动期，输精管以及精囊（输精管扩展的下部）被精子所充满，输精管开口于泄殖腔中，称为生殖突起不大的膨大部。

（4）精子生成过程：鸡精子生成基本与其他脊椎动物相同，都以初级胚细胞（精原细胞）分裂开始，以形成成熟的精子而结束。

二、性成熟

贵妃鸡的性成熟期为150天左右，但个体性成熟差异较大，个体开产时间很不整齐，早者5个月龄已开产，迟者到7个月龄仍不开产。

三、配种方法

在实际生产中，贵妃鸡多行分群自然交配。

1. 大群配种

在较大数量的母贵妃鸡群内，按公母为 1∶(8～10)的比例放入公贵妃鸡，任其自由交配，使任何一只公、母贵妃鸡都有自由配种的机会。这种配种方法，受精率比较高，可节省人力、管理简便，常用于繁殖纯系，但这种方法无法确知系谱，代数多了容易造成种群质量退化，应该定期(每隔几年)进行一次血液更新。这种方法一般在繁殖种鸡场使用。

2. 小群配种

将 1 只公贵妃鸡和 6～8 只母贵妃鸡放于 1 个配种小间内，单独饲养，母贵妃鸡可以不记号，但公贵妃鸡必须带肩号或脚号，这种方法在管理上比较繁琐，但通过家系繁殖可较好地观察贵妃鸡的生产性能，尤其是公贵妃鸡的交配能力(种蛋受精率)。用此种方法繁殖贵妃鸡，进行家系间杂交，可以避免贵妃鸡的近亲繁殖。但使用此法时，应密切注意公贵妃鸡是否确有射精能力。如无射精能力或发现种蛋无精，要立即更换新的种公鸡。

第三节　种蛋的保存与消毒

一、种蛋的保存

1. 蛋库

大型鸡场有专门保存种蛋的房舍，叫做蛋库；专业户饲养群鸡，也得有个放种蛋的地方。保存种蛋的房舍，应有天花板，四墙厚实，窗户不要太大，房子可以小一点，保持清洁、整齐，不能有灰尘，穿堂风，防止老鼠、麻雀出入。

2. 存放要求

为了保证种蛋的新鲜品质，以保存时间愈短愈好，一般不要超过 1 周。如果需要保存时间长一点，则应设法降低室温，提高空气的相对湿度。

(1)种蛋保存温度：贵妃鸡胚胎发育的临界温度为 23.9℃，保存种蛋的适宜温度应为 10～15℃，若保存时间在 1 周以内，以 15～16℃为宜；保存 2 周以内，则把温度调到 12～13℃；3 周以内应以 10～11℃为佳。

(2)种蛋保存湿度：种蛋保存期间蛋内水分通过气孔不断蒸发，其速度与贮蛋库的湿度成反比。为使蛋内水分尽量减少蒸发，必须提高贮蛋库的湿度，一般相对湿度保持在 70%～75%，这样既能明显降低蛋内水分蒸发，又可防止细菌孳生。另外，在地下水位高的地方，要防止相对湿度过大，造成“霉蛋”。种蛋保存 3 周时间，湿度可以提高到 85%左右。

(3)种蛋保存时间:有空调的种蛋贮存库,种蛋保存 2 周以内,种蛋孵化率下降幅度小;2 周以上,孵化率下降较明显;3 周以上,孵化率急剧下降。一般种蛋保存以 5～7 天为宜,不要超过 2 周。如果没有适宜的保存条件,应尽量缩短保存时间。温度在 25℃以上时,种蛋保存最多不超过 5 天;温度超过 30℃时,种蛋应在 3 天内入孵。

(4)种蛋保存位置:一般认为种蛋保存应大头向上,可防止系带松弛,蛋黄贴壳。据报道,种蛋小头向上能提高种蛋孵化率。因此,在种蛋贮存超过 1 周,采用种蛋小头向上不翻蛋的存放方法,可以节省劳力。

(5)种蛋保存期翻蛋:保存期间翻蛋的目的,是防止胚胎与壳膜粘连,以免胚胎早期死亡。在种蛋保存 7 天以内不必翻蛋。超过 7 天,每天翻蛋 1～2 次。

二、种蛋的消毒

1. 种蛋消毒时间

从理论上讲最好在种蛋产出后立即消毒,这样可以杀灭壳上的绝大多数细菌,但实际生产中无法做到。比较切实可行的办法将购买的种蛋一次性消毒,若是自己有种鸡要在每天捡蛋完毕进行第一次消毒,种蛋入孵时,应在孵化器里进行第二次消毒。

2. 种蛋消毒方法

(1)福尔马林(甲醛)熏蒸消毒法:按每立方米容积用福尔马林(含 40%的甲醛)30 毫升、高锰酸钾 15 克的量准备药物。将称量好的高锰酸钾预先放在一个瓷容器内(不能用金属容器,以免腐蚀),容器大小应为福尔马林用量的 10 倍以上,然后按用量加入福尔马林,两种药物混合后即挥发出甲醛气体,密闭熏蒸 20～30 分钟。消毒完毕后,打开通风孔,让甲醛气彻底消散。种蛋一旦入孵切忌用甲醛熏蒸消毒。

(2)福尔马林浸泡消毒法:将福尔马林(含40%甲醛)配成1.5%的溶液,种蛋在其中浸泡2～3分钟,取出沥干即可入孵。要注意溶液温度应保持在40℃左右。

(3)高锰酸钾溶液浸泡消毒法:将高锰酸钾配成0.01%～0.05%的水溶液(也就是在100千克水里加入10～50克高锰酸钾,充分搅拌,待完全溶解后呈浅紫红色)置于大盆内,将种蛋放入盆内浸泡2～3分钟(水温保持在40℃左右),并洗去污物,取出晾干即可。

(4)碘溶液消毒法:将种蛋放在40℃0.1%的碘溶液内(在1千克水中加入10克碘片和15克碘化钾,使之完全溶解,然后倒入9千克清水中,搅拌均匀),浸泡约1分钟,洗去污物,也可杀死蛋壳上的杂菌和白痢杆菌。

(5)新洁尔灭消毒法:用0.2%的新洁尔灭温水溶液(水温保持在40℃)浸泡种蛋1～2分钟,捞出沥干。使用新洁尔灭,切忌将肥皂、碘、高锰酸钾、升汞和碱等物质掺入,以免药液失效。

(6)氯消毒法:将种蛋浸泡在含有活性氯1.5%的漂白粉溶液中3分钟,捞出风干后装盘,也可用浓度为80×10^{-6}的氧化氯雾化液喷洒。

3. 种蛋消毒的注意事项

(1)用药量一定要准确,不能多也不能少。

(2)在一批种蛋消毒时,只须选用一种消毒药物。

(3)液体浸泡消毒,消毒液的更换是很重要的,也就是说,一盆配制好的消毒液,只能消毒有限的种蛋,但究竟能消毒儿批蛋,目前尚没有一定的标准,可适当更换新药液。

第四节 种蛋的孵化

贵妃鸡基本失去就巢性，即使有少部分贵妃鸡有就巢现象，也会在很短的时间内醒巢。因此，贵妃鸡的孵化，只有采用人工孵化法，规模化养殖可采用电孵化机孵化，数量较少可选用其他孵化法，孵化方法与家鸡一样，孵化期也为 21 天。

一、禽蛋的胚胎发育

正常的贵妃鸡孵化期为 21 天（鸡胚胎日龄的计算应以种蛋达到正常孵化温度时为开始），在整个孵化期内给予适当的温度、湿度、通风和翻蛋等孵化条件，雏鸡应在 20～21 天内破壳而出，在这个时间内出壳的小鸡，健雏率高，育雏期成活率高，孵化期延长或缩短都会对孵化率和雏鸡造成不良影响。孵化温度高、胚胎发育过快，则孵化期缩短，孵出的雏鸡呈脱水状态，1 周龄内死亡率很高。孵化温度低，则孵化期延长，雏鸡的卵黄吸收不良，“大肚脐”雏鸡比例高，对雏鸡的健壮也不利。因此，需要了解贵妃鸡胚胎发育不同时期的主要特征，按照胚胎发育的状况给予相应的孵化条件，使胚胎的孵化期在 20.5～21 天之间。

鸡胚胎发育的主要特征如下：

第 1 天：受精的卵细胞，在产出的过程中，在输卵管内停留了约 24 小时，胚胎已经开始发育，卵细胞已进行了多次分裂。至种蛋产出体外时，鸡胚已发育为内、外胚层的原肠期，剖视受精蛋，肉眼可见形似圆盘状的胚盘。经第 1 天的孵化，胚盘直径约 0.7 厘米，在胚盘的边缘出现许多红点，称“血岛”。

第 2 天:胚盘直径 1.0 厘米,卵黄囊、羊膜、绒毛膜开始形成,胚胎的头部从胚盘分离出来,血岛合并形成血管。入孵 25 小时后,心脏开始形成,30～42 小时,心脏已经跳动,可见到卵黄囊血管区,形似樱桃,俗称“樱桃珠”。

第 3 天:胚长 0.55 厘米,尿囊开始长出,胚的位置与蛋的长轴成垂直,开始形成前后肢芽,眼的色素开始沉着,照蛋可见胚和伸展的卵黄囊血管,形似一只蚊子,俗称“蚊虫珠”。

第 4 天:胚和血管迅速发育,卵黄囊血管包围达 1/3,胚胎的头部明显增大,肉眼可见尿囊、羊膜腔的形成,照蛋时蛋黄不容易转动,胚胎和卵黄囊血管形似一只蜘蛛,俗称“小蜘蛛”。

第 5 天:胚胎进一步增大,胚长约 1.0 厘米,眼有大量的色素沉着,照蛋可见明显的黑色眼点,俗称“单珠”或“黑眼”。

第 6 天:可见胚胎有规律地运动,蛋黄增大,卵黄囊分布在蛋黄表面的 1/2 以上,由于躯干部增大和头部形似两个小珠,俗称“双珠”。

第 7 天:胚胎已形成鸡的特征,尿囊液大量增加,胚胎自身已有体温。照蛋时由于胚在羊水中,不易看清,血管布满半个蛋表面。

第 8 天:胚长已达 1.5 厘米,颈、背、四肢出现羽毛乳头,照蛋时见胚在羊水中浮动,背面蛋的两边蛋黄不易晃动,俗称“边口发硬”。

第 9 天:剖检已可见心、肝、胃、肾、肠等器官发育良好,尿囊几乎包围整个胚胎,照蛋时见卵黄两边易晃动,尿囊血管伸展越过卵黄囊,俗称“串筋”。

第 10 天:胚已长达 2.1 厘米,尿囊血管已伸展到蛋的小头,并且合拢,整个蛋布满血管,称“合拢”。

第 11 天:胚进一步增大,尿囊液达到最大量,背部出现绒毛,血管变粗。

第 12 天：胚长已达 3.5 厘米，身躯长出绒毛，胃、肠、肾等已有功能作用，开始用嘴吞食蛋白。

第 13 天：鸡胚的绒毛、蹠趾角质等皮肤系统发育进一步完善，照蛋时蛋的小头发亮部分已逐步减少。

第 14 天：胚胎全身覆有绒毛，头向气室，胚胎改变与蛋的长轴垂直的位置，改为与蛋的长轴相一致。

第 15 天：胚胎已发育形成了鸡体内外的器官。

第 16 天：胚长约 6 厘米，明显可见冠和肉髯，大部分蛋白进入了羊膜腔。

第 17 天：羊水、尿囊液开始减少，躯干增大，脚、翅、颈变长，眼、头相应显得较小，两腿紧抱头部，喙向气室，蛋白全部进入羊膜腔，照蛋在小头看不见发亮的部分，俗称"封门"。

第 18 天：羊水、尿囊液进一步减少，头弯曲在右翼下，眼开始睁开，肺脏血管几乎形成，但还未进行肺呼吸，胚胎转身，喙朝气室，照蛋见气室倾斜，俗称"斜口"。

第 19 天：卵黄囊收缩将大部分蛋黄吸入腹腔，喙进入气室开始肺呼吸，颈、翅突入气室，头埋右翼下，两腿弯曲朝头部，呈抱物姿态，以便于破壳时撑张，发育较早的鸡胚先破壳，可闻雏鸡鸣叫声。19 天又 18 小时后，大批雏鸡已啄壳。

第 20～21 天：尿囊完全枯干，将全部蛋黄吸入腹腔，雏鸡啄壳后，沿着蛋的横径逆时针方向间隙破壳，直至横径 2/3 周长的裂缝时，头和双脚用力蹬挣，破壳而出。

二、常用的孵化方法

无论采取何种孵化方法，其孵化原理都是相同的，都要保证供给适宜的孵化温度、湿度，定期翻蛋、通风、凉蛋和照蛋。但是不同的孵化方法与孵化工艺，其工作量、劳动效率和孵化效果却不尽相同。自然孵化效率低，只适合少量生产使用。人工孵化中的温室孵化、火炕孵化、塑料热水袋孵化法、桶孵法、温水孵化法等孵化方式，虽然成本较低，但劳动量大，效率较低，不能满足规模化生产的要求。使用孵化器孵化鸡蛋，需要投入的资金成本较高，自动化程度也高，工作效率高，孵化率也相对较高，还节省了大量的劳动力资源。

养殖户可根据所具备的条件，选择一种适合自己的孵化方法。主要应考虑的因素有以下几个方面，如养殖的规模、场地空间的大小、物质条件、经济实力和人员的素质等，进行综合分析。一般来说，养殖规模较大的养殖场，经济实力较强，供电条件好的，应首先考虑用机械孵化器来孵化。因为先进的孵化器可以实现温度、湿度的自动控制，自动翻蛋、自动通风与自动报警，准确可靠，既可节省劳动力，孵化率也会更高。而规模较小、经济条件有限或供电条件不好的，可以采用其他的孵化方式。这些方法虽成本低，但消耗的劳动力资源会多一些，且需要一定的经验，总结摸索出孵化规律。

(一)自然孵化法

自然孵化法是我国广大农村家庭养鸡一直沿用的方法，这种方法的优点是设备简单、管理方便、孵化效果好，雏鸡由于有母鸡抚育，成活率比较高。但缺点是孵量少、孵化时间不能按计划安排，因此，只限于饲养量不大的情况下使用。

1. 抱窝鸡的选择

土鸡的抱性强，因此选择时要选择鸡体健康无病、大小适中的土鸡代孵。为了进一步试探母鸡的抱性，最好先在窝里放两枚蛋，试抱 3～5 天，如果母鸡不经常出窝，就是抱性强的表现。

2. 孵化前的准备

(1)选择种蛋:种蛋在入孵前应按种蛋的标准进行筛选,不合格的种蛋不要入孵。

(2)准备巢窝:一只中等体型的土母鸡,一般孵蛋 18～20 枚,以鸡体抱住蛋不外露为原则。鸡窝用木箱、竹筐、硬纸箱等均可,里面应放入干燥、柔软的絮草。鸡窝最好放在安静、凉爽、比较暗的地方。入孵时,为使母鸡安静孵化,最好选择晚上将孵蛋母鸡放入孵化巢内,并要防止猫、鼠等的侵害。

(3)消毒入孵:将选好的种蛋用 0.5%的高锰酸钾溶液浸泡 2 分钟消毒。

3. 孵化期管理

(1)就巢母鸡的饲养管理:首先对抱窝鸡进行驱虱,可用除虱灵抹在鸡翅下。以后每天中午或晚上提出母鸡喂食、饮水、排粪,每次 20 分钟。到 21 天小鸡出壳。

(2)照蛋:孵化过程中分别于第 7 天和第 18 天各验蛋一次,将无精蛋、死胚蛋及时取出。

(3)出雏:出壳后应加强管理将出壳的雏鸡和壳随时取走。为使母鸡安静,雏鸡应放置在离母鸡较远的保暖地方,待出雏完毕、雏鸡绒毛干后接种疫苗,然后将雏鸡放到母鸡腹下让母鸡带领。

(4)清扫:出雏结束立即清扫、消毒窝巢。

(二)人工孵化法

1. 电褥子孵化法

目前使用电褥子孵化禽类较为普遍,效果较好。

(1)孵化设备及用具:用双人电褥子(规格为 95 厘米×150 厘米)两条、垫草、火炕、棉被、温度计等。

(2)孵化操作方法:双人电褥子一条铺在火炕上(停电时可烧炕供温),火炕与电褥子之间铺设2～3厘米厚的垫草,电褥子上面铺一层薄棉被,接通电源,预热到40℃。然后将种蛋大头向上码放在电褥子上边,四周用保温物围好,上边盖棉被,在蛋之间放1支温度计,即可开始孵化。另一条电褥子放在铺有垫草的摊床上备用。

孵化室的温度要求在27～30℃。蛋的温度要求:入孵1～3天38.5～40℃,4～10天38～39℃,11～19天37.5～38.5℃,20～21天38～39℃。

孵蛋的温度用开闭电褥子电源的方法来控制,每半小时检查1次。湿度用往地面洒水或在电褥上放小水盆等方法来调节。一般相对湿度为60％～75％。用2个电褥子可连续孵化,等第一批孵化到11天时移到摊床上的电褥子进行孵化,炕上的电褥子可以继续入孵新蛋。摊床上雏鸡出壳后,第二批蛋再移到摊床上的电褥子进行孵化。如此反复循环,每批可孵化400～500个蛋。

在孵化过程中,每3～4小时翻蛋1次,同时对调边蛋和心蛋的位置。凉蛋从第13天开始,每天凉蛋1～2次,17天时加强通风凉蛋,第20天时停止翻蛋、凉蛋等待出雏。

2. 火炕孵化法

火炕孵化是农村传统的孵化方法之一。为了增加孵化量,提高房间的利用率,在一般住房内两侧砌造火炕,中间留有走道,炕上设两层出雏层。在房外设炉灶,火烟通过火炕底道由另一端烟筒排出,使炕面温度达到均匀平衡。炕上放麦秸、铺苇席。出雏层用木头作支架吊在房梁上,将秫秸平摊,上面铺棉絮,四面不靠墙。

(1)孵化设备及用具:主要包括孵化室、火炕、摊床、蛋盘等。

①孵化室:如果专门建造孵化室要规格化;顶棚距地面3.6米以上,以便于在炕上设摊床。

孵化室的大小视孵化规模而定，一般火炕面积为 30 平方米。1 个孵化室里有 2 个火炕和摊床，每隔 7 天可上 1 批蛋；有 3 个火炕及摊床，可每隔 5 天入孵 1 批种蛋。孵化室保温性能要好，要有天窗、天棚。如果小规模孵化，可用普通住房代替。普通住房一间，用泥沙抹好，室内、棚顶糊严，挂上门帘，以防透风。整个孵化室只留一个小窗，以便调节室内空气。

②火炕：火炕是整个孵化过程中的热源。火炕用砖砌成，高 0.5～0.6 米，宽度应能对放两个蛋盘，四周再留出 0.2 米宽的空间，以便盖被，长度根据生产规模而定。炕面四周用单砖砌成 0.34 米高的围子，以利保温和作为上摊操作的踏板。炕必须好烧，不漏烟、不冒烟。孵化量大应搭两铺炕，南炕为热炕，北炕为温炕。

③摊床：摊床又叫棚架，设在炕的上方，约距炕上方 1 米左右，可根据情况设一层或二层，两层间隔 0.6～1 米。先在炕上方用木杆搭个棚架，其高度以孵化人员来往不碰头为宜，宽度比炕面窄些，长度根据孵化量而定。床面用秫秸铺平，再铺上稻草和棉被保温。也可用秫秸作床底，然后糊上纸，再铺上棉被和麻袋片。为防止种蛋或鸡雏滑落在地上，床面四周用秫秸秆或木板围成高 10 厘米的围子，摊床架要牢固，防止摇动。

④蛋盘：可用木板做成长方形盘，盘底钉上方孔铁丝网或纱布，孵化时，将种蛋平摆于蛋盘内，每盘装 50～100 只蛋，每次可孵化 5000～10 000 只蛋。

此外，还要准备好灯、棉被、被单、火炉、温度计、手电、照蛋器等孵化用具。

(2)孵化操作方法

①试温：在入孵的前 3～4 天应烧炕试温，使室温达到 25℃左右，用温度计测试一下火炕各处的温度是否均匀，并做好标记。对温度高的地方要铺干沙和土进行调整，直到各处温度基本均衡为

止。在试温时，要注意火炕达到所需要的温度时使用的燃料量，积累一些经验。一般炕温在停火后 2 小时达到高峰。因此，烧炕时切不可一直烧到所需的温度，否则，2 小时以后要超温，影响孵化效果。

②入孵：按次序一盘一盘地将蛋盘平放在炕面上，上用棉被盖好。装蛋之前，先用铁丝筛盛蛋，放入 42～45℃的热水中洗烫 7～8 分钟，进行消毒预温。

1～2 天温度为 41.5～41℃，3～5 天温度为 39.5℃，6～11 天温度为 39℃，12 天温度为 38℃，13～14 天温度为 37.5℃，15～16 天温度为 38℃，17～21 天温度为 37.5℃。

室内的湿度靠炉火上的水壶溢气调节，相对湿度保持在 60%～65%。入孵开始几个小时内，蛋面温度不宜升得太快，入孵后 12 小时达到标准温度为宜。为了使炕温保持稳定，每隔 4 小时烧 1 次炕，定量加入燃料，以防炕温忽高忽低。入孵后每 15～20 分钟检查 1 次温度(测量蛋温的温度计放在蛋中间，炕的不同位置都要放温度计)。每天打开小窗通风 2～3 次。为了不影响孵化温度，通风前要适当提高室内温度。

若两个炕流水作业，按先后时间，分别控制不同温床，先批入孵的炕温为 38～39℃，转移到另一炕上，温度保持在 37.5℃。初学孵化时，要靠温度表掌握温度，温度表分别放在炕面和种蛋上，有经验以后，可以不用温度计，靠感觉或把蛋置于眼皮上的感觉估量，可以相当准确。

整个孵期验蛋二次，入孵后第 6～7 天验蛋一次，可以准确地捡出无精蛋，入孵后第 18 天，进行第二次验蛋，捡出死胎蛋，并把正常发育的种蛋移到出雏摊上去准备出雏。正常情况下 21 天出雏，出雏时每 2 小时捡一次雏，放在事先准备好的雏鸡筐或雏鸡盒内。

③倒盘与翻蛋：种蛋上炕入孵后每小时倒 1 次盘，即上下、前

后、左右各层蛋盘互换位置。在整个孵化期间，每天要揭开棉被翻蛋 6～8 次，翻蛋时把盘中间的蛋移到两边，把两边的移到中间。由于手工翻蛋时间较长，也就等于凉蛋了。

④照蛋：火炕孵化共照蛋两次。第 1 次在入孵后的第 5 天进行。照蛋前应稍升高炕温和室温(0.5～1℃)。第 2 次照蛋在 11 天进行。然后上摊。

⑤上摊孵化：炕孵 12 天后，转入摊床孵化，上摊前将孵化室内温度升高到 28～29℃，将蛋盘中的胚蛋取出放到摊床上，开始时可堆放 2～3 层，盖好棉被，待蛋温达到标准温度后，逐渐减少堆放层数。上摊后每 15～20 分钟检查 1 次蛋温，每 2 小时翻蛋 1 次。第 18 天后将种蛋大头向上立起，单层摆放，等待出雏。

(3)注意事项：火炕孵鸡成功与否，关键在于控制好温度。控制温度，一是通过烧炕；二是通过增减覆盖物。刚入孵，外界气温低时，炕应多烧一点，用棉被把种蛋盖严；入孵中后期，或外界气温高时，应少烧，同时减少覆盖物。在烧炕时，当炕温高了或继续升高时，应立即停火，并除掉灶内余火，同时掀起棉被。切记炕温不能超过 60℃。

3. 温水缸孵化法

温水缸孵化又叫水孵法，就是利用水缸中的水温使座在缸口盆内的种蛋受温而孵出鸡雏的方法。这种方法简单，孵化率较高。

(1)入孵前的准备

①选择孵化室：选用保温好的房舍，如室温能保持在 18℃以上，则不必加温。也可利用住屋做孵化室。

②缸盆的选择：缸盆的大小要根据孵化数量而定。但缸盆要合套、口径一致，盆座在缸口时，盆与缸口间要吻合。

③安置孵化缸：先在放缸的地面上垫块厚木板或麦秸、稻草、木屑等保温填充物，也可直接放在炕面上。如果用多个缸孵化，把

孵化缸排成数行，各行之间距离为50～60厘米，在缸行间以及缸与窗户、墙壁之间用草秸、碎草、树叶等保温物塞严，并使垫草略高于缸口。如果一缸一盆，也可用棉被、棉帘裹严保温。

④种蛋及缸盆预温：将选好的种蛋装铁筐中，放入45～50℃温水中烫5分钟左右，使蛋温提高到35℃左右。孵化前1～2天，盆内种蛋的温度为37.5～38.5℃，孵化室温度要达到18℃以上，盆温要达到39℃左右，缸内水温为60～70℃；室内相对湿度为55%～65%。蛋盆内的热源来自缸内高温的热气。

(2)入孵及管理

①入孵：盆内垫好棉花，将蛋的小头向下摆放，摆完第1层后，摆其他各层，一般放2～6层，方法同第1层。摆好后盖棉被。盛一担水的缸，上面的盆可装150～200个蛋；两担水的缸，上面的盆可装250～300个蛋；3担水的缸或口径更大的缸，上面的盆可装400个蛋以上。每盆插入底层蛋1支温度计，每盆蛋表面放1支温度计。也可用塑料丝小网兜装种蛋，每兜5～10个，放在盆内。此法可简化翻蛋手续。

②调温：入孵数小时，手伸入盆内感到蛋面微温，且在许多蛋面凝有小水珠。若底层蛋温上升到39℃，应及时翻蛋。开始时，盆中心、盆边及盆底蛋的温差较大，经几次翻蛋后(约需12～15小时)，蛋温即能达到均匀。随后每隔2～4小时观察1次温度，4～6小时翻1次蛋。并利用向缸内加入冷水或热水、适时翻蛋或增减覆盖物等方法来调节盆温和蛋温。

盆内蛋温一般应保持在38.5℃。1～5天39.5℃，6～7天38.5～39℃，8～10天38.5℃。入孵的第1天，种蛋需要升温吸热，缸内水温应高些，随着入孵日期的增加和胚蛋自温的升高，缸内水温应逐渐下降。水温由入孵时的60～70℃逐渐下降到第10天的40℃左右，此时符合蛋温要求，可不必换水。在入孵的第10～13天间换水的次数应根据室温和保温情况来决定，一般每天换1次水。如室温高，保温条件好，也可2天换一次水，每次每缸只需换进0.5～1桶热水。换水后2～4小时内，应特别注意盆内升温情况，防止温度偏高。换水时可从缸口直接加入，也可用橡皮管或其他导管应用虹吸的原理换水。

鸡蛋入孵到11天左右，自温显著增高，可移到摊床上继续孵化，以其自温保持上摊孵化所需要的温度37～38℃，一直孵到出雏。上摊前种蛋应增温至39℃左右，以免上摊后温度下降过快而影响孵化效果。在摊上主要用增减棉被、换盖被单和翻蛋等方法来调节蛋温。上摊后，如果外界气温低，不能保温，应放回原缸加温，到上摊能保温为止。上摊后，待蛋温升到39.5℃时，应进行“抢滩”，即把边缘和中心的蛋对调，以使温度均匀。抢摊后再进行增温。摊上温度一般保持在37～38℃。刚上摊1～2天，如果外界气温低，可不必抢摊。

③出雏：在正常情况下，鸡蛋经过21天孵化，雏鸡都能自行啄壳而出。出雏时，蛋温应保持在39℃左右，室温27～29℃，相对湿度70%左右，雏鸡羽毛干后及时拣入出雏箱内。

4. 塑料薄膜热水袋孵化法

塑料薄膜热水袋孵化法是近年来兴起的一种孵禽法。这种方法温度容易调节，孵化效果好，成本低，简单易行。

(1)孵化设备及用具：普通火炕，根据孵化量制作1～2个长方形木框（长165厘米、宽82.5厘米、高16.5厘米），棉被、棉毯、被单数条，温度计数个，塑料薄膜水袋（用无毒塑料薄膜制作，应长于长方形木框，其宽与木框相同）等。

(2)孵化法：把木框平放在炕上（炕要平、不漏烟、各处散热均匀），框底铺两层软纸，将塑料水袋平放在框内，框内四周与塑料薄膜热水袋之间塞上棉花及软布保温，然后往塑料薄膜热水袋中注入40℃温水（以后加的水始终要比蛋温高0.5～1℃），使水袋鼓起

13 厘米高。把种蛋平放在塑料薄膜热水袋上面，每个蛋盘装 300～500 个种蛋。温度计分别放在蛋面上和插入种蛋之间，用棉被把种蛋盖严。种蛋的温度主要靠往水袋里加冷、热水来调节。整个孵化期内只注入 1～2 次热水即可。在必要情况下，也可以在开始入孵时，把炕烧温，这样能延长水袋中的水保温时间。每次注入热水前，先放出等量的水，使水袋中水始终保持恒温。火炕可不必烧得太热。

从入孵到第 14 天，蛋面温度要保持在 38～39℃（第 1 周为 39～38.5℃，第 2 周为 38.5～38℃），不得超过 40℃。第 15 天到出雏前 2 天，蛋面温度应保持在 38～37.5℃，在临出雏前 3～5 天，用木棒把棉被支起来，使蛋面与棉被之间有个空隙，以便通风换气。整个孵化期间，室内温度要保持在 24℃左右，室内湿度以人不觉干燥为宜，若太干燥，可往地面洒水。

入孵 1～15 天，每昼夜翻蛋 3～4 次；第 16～19 天，每昼夜翻蛋 4～6 次。翻蛋时应注意互换位置，在孵化量大、蛋床多时，要把第 1 床种蛋逐个拣到第 2 床，第 2 床拣到第 3 床，第 3 床拣到第 1 床上。孵化量小时，可用双手将种蛋有次序地从水袋一端向另一端轻轻推去，使种蛋就地翻动一下。胚蛋发育到中、后期，自身热量逐渐增大，同时产生大量污浊气体，通过凉蛋和翻蛋可散发多余热量，排除污浊气体。胚蛋在低温刺激下，能促进胚胎发育，增强雏鸡适应外界环境的能力。前期凉蛋可结合翻蛋进行，每次约 10 分钟，后期每次 15～20 分钟。第 19 天时，将蛋大头向上摆放，等待出雏。

5. 机器孵化法

（1）孵化前的准备工作

①准备好所有用品：入孵前一周应把一切用品准备好，包括照蛋器、干湿温度计、消毒药品、马立克疫苗、装雏箱、注射器、清洗

机、易损电器元件、电动机、皮带、各种记录表格、保暖或降温设备等。

②温度校正与试机:新孵化机安装后,或旧孵化机停用一段时间,再重新启动,都要认真校正检验各机件的性能,尽量将隐患消灭在入孵前。

(2)种蛋的预热:入孵前把种蛋放到不低于22~25℃的环境下4~9小时或12~18小时预热,能使胚胎发育从静止状态中逐渐苏醒过来,减少孵化器温度下降的幅度,除去蛋表凝水,可提高孵化率。在整机入孵时,温度从室温升至孵化规定温度需8~12小时,就等于预热了,不必再另外预热。

(3)码盘:码盘即种蛋的装盘,即把种蛋一枚一枚放到孵化器蛋盘上再入机器内孵化。人工码盘的方法是挑选合格的种蛋大头向上、小头向下一枚一枚的放在蛋盘上。若分批入孵,新装入的蛋与已孵化的蛋交错摆放,这样可相互调温,温度较均匀。为了避免差错、同批种蛋用相同的颜色标记,或在孵化盘贴上胶布注明。种蛋码好后要对孵化机、出雏机、出雏盘及车间空间进行全面消毒。

(4)入孵:入孵的时间应在下午4~5时,这样可在白天大量出雏,方便进行雏鸡的分级、性别鉴定、疫苗接种和装箱等工作。

(5)孵化管理

①温度、湿度调节:入孵前要根据不同的季节和前几次的孵化经验设定合理的孵化温度、湿度,设定好以后,旋钮不能随意扭动。刚入孵时,开门上蛋会引起热量散失,同时种蛋和孵化盘也要吸收热量,这样会造成孵化器温度暂时降低,经3~6个小时即可恢复正常。孵化开始后,要对机显温度和湿度、门表温度和湿度进行观察记录。一般要求每隔半个小时观察1次,每隔2个小时记录1次,以便及时发现问题,尽快处理。贵妃鸡对孵化温度和湿度的要求,在入孵后第1~16天孵化机空间温度为38℃,第17~20天为37℃,如果把孵化机传感器放在种蛋上,则从始至终保持蛋温

盛，要特别注意换气。

捡雏分3次进行，第一次在出雏30%～40%时进行；第二次在出雏60%～70%时进行；第三次全部出雏完时进行。出雏末期，对少数难于出壳的雏鸡，如尿囊血管已经枯萎者，可人工助产破壳。正常情况下，种蛋孵满21天，出雏即全部结束。每次捡出的雏鸡放在分隔的雏箱或雏篮内，然后置于22～25℃的暗室中，让雏鸡充分休息。

⑧清扫消毒：为保持孵化器的清洁卫生，必须在每次出雏结束后，对孵化器进行彻底清扫和消毒。在消毒前，先将孵化用具用水浸润，用刷子除掉脏物，再用消毒液消毒，最后用清水冲洗干净，沥干后备用。孵化器的消毒，可用3%来苏儿喷洒或用甲醛熏蒸（同种蛋）消毒。

⑨雏鸡出壳前后管理

雏鸡出壳前：落盘时手工将种蛋从孵化蛋盘移到出雏盘内，操作中室温要保持25℃左右，动作要快，在30～40分钟内完成每台孵化机的出蛋，时间太长不利胚胎发育。适当降低出雏盘的温度，温度控制在37℃左右。适当提高湿度，湿度控制在70%～80%。

雏鸡出壳后：鸡孵化到20天大批破壳出雏，整批孵化的只要捡二次雏即可清盘；分批入孵的种蛋，由于出雏不齐则每隔4～6小时捡一次。操作时应将脐带吸收不好、绒毛不干的雏鸡暂留出雏机内。提高出雏机的温度0.5～1℃，鸡到21.5天后再出雏作为弱雏处理。鸡苗出壳24小时内做马立克疫苗免疫并在最短时间内将雏鸡运到育雏舍。

(6)孵化过程中停电的处理：要根据停电季节，停电时间长短，是规律性的停电还是偶尔停电，孵化机内鸡蛋的胚龄等具体情况，采取相应的措施。

①早春，气温低，室内若没有加取暖设备，室温度仅5～10℃，这时孵化机的进、出气孔一般全是闭着的。如果停电时间在4小

时之内,可以不必采取什么措施。如停电时间较长,就应在室内增加取暖设备,迅速将室温提高到 32℃。如果有临出壳的胚蛋,但数量不多,处理办法与上述同。如果出雏箱内蛋数多,则要注意防止中心部位和顶上几层胚蛋超温,发觉蛋温烫眼时,可以调一调蛋盘。

②电孵机内的气温超过 25℃,鸡蛋胚龄在 10 天以内的,停电时可不必采取什么措施,胚龄超过 13 天时,应先打开门,将机内温度降低一些,估计将顶上几层蛋温下降 2～3℃(视胚龄大小而定)后,再将门关上,每经 2 小时检查 1 次顶上几层蛋温,保持不超温就行了,如果是出雏箱内开门降温时间要延长,待其下降 3℃以上后再将门关上,每经 1 小时检查 1 次顶上几层蛋温,发现有超温趋向时,调一下盘,特别注意防止中心部位的蛋温超高。

③室内气温超过 30℃停电时,机内如果是早期的蛋,可以不采取措施,若是中、后期的蛋,一定要打开门(出、进气孔原先就已敞开),将机内温度降到 35℃以下,然后酌情将门关起来(中期的蛋)或者门不关紧尚留一条缝(后期的蛋),每小时检查 1 次顶上几层的蛋温。若停电时间较长,或者是停电时间不长,但几乎每天都有规律地暂短停电(如 2～3 小时),就得酌情每天或每 2 天调盘 1 次。

为了弥补由于停电所造成的温度偏低(特别是停电较多的地区),平时的孵化温度应比正常所用的温度标准高 0.28℃左右。这样,尽管每天短期停电,也能保证鸡胚在第 21 天出雏。

(7)提高种蛋孵化率的关键

①运输管理:种蛋进行孵化时,需要长途运输,这对孵化率的影响非常大,如果措施不到位,常会增加破损,引起种蛋系带松弛、气室破裂等,从而导致种蛋孵化率降低。

种蛋运输应有专用种蛋箱,装箱时箱的四壁和上下都要放置泡沫隔板,以减少运输途中的振荡。每箱一般可装 3 层托盘,每层托盘间也应有纸板或泡沫隔板，以降低托盘之间的相互碰撞。

种蛋运输过程中应避免日晒雨淋，夏春季节应采用空调车，运蛋车应做到快速平稳行驶，严防强烈振动种蛋，装卸也应轻拿轻放，防止振荡导致卵黄膜破裂。种蛋长途运输应采用专用车，避免与其他货物混装。

②加强种蛋储存管理：种蛋产下时的温度高于 40℃，而胚胎发育的最佳温度为 37～38℃，种蛋储存最好在“生理零度”的温度之下。

研究表明，种蛋保存的理想环境温度是 13～16℃，高温对种蛋孵化率的影响很大。当储存温度高于 23℃时，胚胎即开始缓慢发育，会导致出苗日期提前，胚胎死亡增多，影响孵化率；当储存温度低于 0℃时，种蛋会因受冻而丧失孵化能力。保存湿度以接近蛋的湿度为宜，种蛋保存的相对湿度应控制在 75%～80%。如果湿度过高，蛋的表面回潮，种蛋会很快发霉变质；湿度过低，种蛋会因水分蒸发而影响孵化率。

种蛋储存应有专用的储存室，要求室内保温隔热性能好，配备专用的空调和通风设备。并且应定期消毒和清洗，保证储存室可以提供最佳的种蛋储存条件。种蛋储存时间不能太长，夏季一般 3 天以内，其他季节 5 天以内，最多不超过 7 天。

③不要忽视装蛋环节：孵化前装蛋应再次挑蛋，在装蛋时一边装一边仔细挑选，把不合格的种蛋挑选出来。种蛋应清洁无污染；蛋形正常，呈椭圆型，过长过圆等都不适宜使用；蛋的颜色和大小应符合品种要求，过小过大都不应入孵；蛋壳表面致密、均匀、光滑、厚薄适中，钢皮蛋、沙壳蛋、畸形蛋、破壳蛋和裂蛋等都要及时剔除。装蛋时应轻拿轻放，大头朝上。种蛋装上蛋架车后，不要立即推入孵化机中，应在 20～25℃环境中预热 4～5 小时，以避免温度突然升高给胚胎造成应激，降低孵化率。

为避免污染和疾病传播，种蛋装上蛋架车后，应用新洁尔灭或百毒杀溶液进行喷雾消毒。

④控制好孵化的条件

温度:鸡胚对温度非常敏感,温度必须控制在一个非常窄的范围内。胚胎发育的最佳温度 37～38℃,若温度过高,胚胎代谢过于旺盛,产生的水分和热量过多,种蛋失去的水分过多,可导致死胚增多,孵化率和健苗率降低;温度过低,胚胎发育迟缓,延长孵化时间使胚胎不能正常发育,也会使孵化率和健苗率降低。

胚胎的发育环境是在蛋壳中,温度必须通过蛋壳传递给胚胎,而且胚胎在发育中会产生热量,当孵化开始时产热量为零,但在孵化后期,产热量则明显升高。因此,孵化温度的设定采取"前高、中平、后低"的方式。

湿度:胚胎发育初期,主要形成羊水和尿囊液,然后利用羊水和尿囊液进行发育。孵化初期,孵化机内的相对湿度应偏高,一般设定为 60%～65%,孵化中期孵化机内的相对湿度应偏低,一般设定为 50%～55%。

通风换气:孵化机采用风扇进行通风换气,一方面利用空气流动促进热传递,保持孵化机内的温度和湿度均匀一致;另一方面供给鸡胚发育所需要的氧气和排出二氧化碳及多余的热量。孵化机内的氧气浓度与空气中的氧气浓度达到一致时,孵化效果最理想。研究表明,氧气浓度若下降 1%,则孵化率降低 5%。

翻蛋:翻蛋可使种蛋受热均匀,防止内容物粘连蛋壳和促进鸡胚发育。在孵化阶段(0～18 天)通常翻蛋频率以 2 小时 1 次为宜。对于孵化机的自动翻蛋系统,应经常检查其工作是否正常,发现问题要及时解决。

出雏:通常情况下,种蛋孵化到第 18 天时,应从孵化机中移出,进行照蛋,挑出全部坏蛋和死胚蛋,把活胚蛋装入出雏箱,置于车架上推入出雏机直到第 21 天。出雏阶段的温度控制在 36～37℃;湿度控制在 70%～75%,因为这样的湿度既可防止绒毛黏壳，又有助于空气中二氧化碳在较大的湿度下使蛋壳中的碳酸钙变成碳酸氢钙，使蛋壳变脆，利于雏鸡破壳；同时，保持良好的通风，也可以保证出雏机内有足够的氧气。在第 21 天大批雏鸡捡出后，少量尚未出壳的胚蛋应合并后重新装入出雏机内，适当延长其发育时间。出雏阶段的管理工作非常重要，温度、湿度、通风等一旦出现问题，即使时间较短，也会引起雏鸡的大批死亡。

(8)孵化场的卫生管理

①孵化厅卫生标准：孵化室、更衣室、淋浴间、办公室、走廊地面清洁无垃圾，墙壁及天花板无蜘蛛网、无灰尘绒毛，地面保持火碱溶液或其他消毒剂的新鲜度。顶棚无凝集水滴，地面清洁，无蛋壳等垃圾，无积水存在，值班组人员每次交班之前 10 分钟用消毒剂拖地一遍，接班人员监督检查。

出雏室地面无绒毛、蛋壳等垃圾存在，无积水存在，墙壁干净整洁，无蜘蛛网灰尘。

孵化室、出雏室地沟、下水道内清洁，无蛋壳及绒毛存留，每周 2 次用 2%火碱溶液消毒。

拣雏室内地面无蛋壳、绒毛存在，冲刷间干净整洁，浸泡池内无垃圾。发雏厅及接雏厅每次发放完雏鸡后，无蛋壳、鸡毛等垃圾存在，并用 2%火碱溶液彻底消毒。

孵化间、出雏间、缓冲间内物品摆放整齐有序，地面无垃圾，每周至少消毒 2 次。纸箱库内物品分类摆放，整齐有序，地面干净整洁。

夏季使用湿帘或水冷空调降温时，及时更换循环用水，保持水的清洁卫生，必要时加入消毒剂。

室内环境细菌检测达合格标准。

②孵化器、出雏器卫生标准：孵化器内外、机顶干净整洁，无灰尘，无绒毛。壁板及器件光洁无污染。底板无蛋壳、蛋黄、绒毛及灰尘。加湿盘内无铁锈、蛋壳等垃圾，加湿滚筒清洁无污物。风筒

内无灰尘,风扇叶无灰尘、无绒毛,温湿度探头上无灰尘、无绒毛。

控制柜内清洁卫生,无绒毛、灰尘、杂物。电机(风扇电机、翻蛋电机、风门电机、冷却电机、加湿电机)上无灰尘、无绒毛、无油污。入孵前细菌检测为合格标准。

③孵化场区隔离生产管理办法:未经允许,任何外人严禁进入孵化室。允许进入孵化室的人员,必须经过洗澡更衣,换鞋,有专人引导,并且按照一定的行走路线入内。

孵化室人员,除平时休班外,严禁外出,休班回场必须洗澡消毒更衣换鞋。维修人员进入孵化室,须洗澡更衣换鞋后方可进入。严禁携带其他动物、禽鸟及其产品进入孵化室。

接雏车辆需经喷雾消毒、过火碱油后才能进入孵化场。接雏人员只能在接雏厅停留,严禁进入其他区域,由雏鸡发放员监督。

运送种蛋的车辆需经彻底的消毒后再进入孵化场。每次雏鸡发放结束后,全面打扫存放间,发雏室、接雏厅、客户接雏道路用2%的火碱溶液全面喷洒消毒。

及时处理照蛋、毛蛋及蛋壳,不得在孵化厅室存放过夜。

进入孵化厅的物品须经有效的消毒处理后方可带进。孵化室备用工作服在每次使用后立即消毒清洗。

外来人员离开孵化室后,其所经过的区域,用2%的火碱溶液喷雾消毒。定期清理孵化场周围的垃圾等杂物,每月消毒1次。定期投放鼠药,减少鼠类对孵化场设备、种蛋的损害。

(三)孵化不良原因的分析

孵化不良的原因有先天性和后天性的两大类。每一类中,尚存在许多具体的因素。

1. 影响种蛋受精率的因素

种蛋受精率,高的应在90%以上,一般应在80%以上。若不足 80%，应该及时检查原因，以便改进和提高。影响种蛋受精率的主要原因有种鸡群的营养不良，特别是饲料中缺少维生素 A 的供给；公、母鸡配种比例失调，鸡群中种公鸡太少；气温过高或过低，导致种公鸡性活动能力的降低；公鸡或有腿病，或步态不正，影响与母鸡交配；公、母鸡体重悬殊太大，特别是公鸡很大而母鸡太小，常造成失配等。

2. 孵化期胚胎死亡的原因

鸡蛋在孵化期常出现胚胎死亡现象，给养殖户造成损失。引起胚胎死亡的原因是多方面的。

(1)孵化前期(1～5 天)

①种蛋被病菌污染：病菌主要是大肠杆菌、沙门杆菌等，或经母体侵入种蛋，或检蛋时未妥善处理，被病菌直接感染，造成胚胎死亡。因此种蛋在产后 1 小时内和孵化前都要严格消毒，方法为 1∶1000 新洁尔灭溶液喷于种蛋表面，或按每立方米空间 30 毫升福尔马林加 15 克高锰酸钾熏蒸 20～30 分钟，并保持温度为 25～27℃，湿度 75%～80%。

②种蛋保存期过长：陈蛋胚胎在孵化开始的 2～3 天内死亡，剖检时可见胚盘表面有泡沫出现、气室大、系膜松弛，因此种蛋应在产后 7 天内孵化为宜。

③剧烈震动：运输中种蛋受到剧烈震动，致使系膜松弛、断裂、气室流动，造成胚胎死亡。因此，种蛋在转移时要做到轻、快、稳，运输过程中做好防震工作。

④种蛋缺乏维生素 A：胚胎缺乏必需的营养成分导致死亡，在种鸡饲养时应保证日粮营养丰富、全面。

(2)孵化中期(6～13 天)：胚胎中期死亡主要表现为胚位异常或畸形。主要是种蛋缺乏维生素 D、维生素 B_2 所致。应加强种鸡的饲养。

(3)孵化后期(14～16 天)

①通风不良,缺氧窒息死亡:剖检可见脏器充血或淤血,羊水中有血液。因此,必须保持孵化室内通风良好,空气清新,氧气达到 21%,二氧化碳低于 0.04%,不得含有害气体。

②温度过高或过低:温度过低,胚胎发育迟缓;温度过高,脏器大量充血,出现血肿现象。孵化期温度控制的原则是前高、中平、后低,即前中期为 38℃,后期为 37～38℃。

③湿度过大或过小:湿度过大,胚胎出现"水肿"现象,胃肠充满液体;湿度过小,胚胎"木乃伊"化,外壳膜、绒毛干燥。湿度控制原则是两头高、中间低,即前期湿度为 65%～70%,中期为 50%～55%,后期为 65%～75%。

(4)出雏(17～18 天):出雏死亡表现为未啄壳或虽啄壳但未能出壳而致死亡。原因是种蛋缺乏钙、磷;喙部畸形。

综合以上原因可知,前期鸡胚胎死亡主要是因为种蛋不好,或因内源性感染,中期主要是营养不良,后期主要是孵化条件不良所致。养殖户应对症下药,加强管理,积极预防,以取得最大的经济效益。

三、雏鸡的分级与存放

1. 强弱分级

雏鸡品质的健壮与否,对贵妃鸡饲养效益关系重大。健康良好的雏鸡是培育优良的后备种鸡、肉鸡成活率高和增重快的前提条件,许多饲养户都非常重视雏鸡的选择。

雏鸡经性别鉴定后(鉴别方法见前述),即可按体质强弱进行分级。

挑选雏鸡健雏与弱雏的方法主要通过看、摸、听。从羽毛、外貌、腹部、脐部、雏鸡活力与鸣叫声、体重等方面进行综合评判。

健雏羽毛整齐清洁，富有光泽，毛色符合本品种或品系的要求，脚呈金黄色，无青脚或黑脚，脚粗壮有力，丰润有光泽，外貌无畸形或缺陷。腹部宽阔平坦、大小适中，柔软，卵黄吸收良好。脐部没有出血痕迹，愈合良好，紧而干燥，上有绒毛覆盖，脐带已基本脱落。雏鸡活泼好动，眼大有神，内外突出，站立有力，走动奔跑平稳，反应敏捷。用手抓握，感到饱满有膘，温暖而有弹性，挣扎有力，鸣叫声响亮。雏鸡大小一致，符合品种标准。

弱雏常见绒毛蓬乱，被蛋白胶或蛋壳黏污或绒毛紧贴，缺乏光泽，有时绒毛极短或缺少绒毛。如果孵化温度过高，雏鸡脚干瘦，无光泽。腹部膨大、突出、松弛、卵黄吸收不良。脐部突出，有出血痕迹或可见脐带，愈合不好，周围潮湿有黏液，无绒毛覆盖，明显外露。弱雏的活力差，精神不良甚至萎靡不振，缩头闭目，站立无力不稳，反应迟钝，怕冷且常挤成一团。用手抓握，感觉雏鸡瘦弱，松软，无温暖感、挣扎无力，弱雏鸡叫声不洪亮或尖叫不停，雏鸡大小体重不一，达不到该品种的标准。除弱雏外，还有一些特别残弱的雏鸡，或者毛色不符合要求、体型外貌畸形的雏鸡也应剔除。

被选择出来的称为弱雏，如果弱雏也要饲养时，应把好次分群饲养，千万不要把强雏和弱雏混合饲养。因为混群饲养时，强欺弱，次鸡会因饮食不能满足而得病死亡。

贵妃鸡对马立克病是易感的，所以出壳 24 小时内必须注射马立克疫苗。

2. 雏鸡存放

雏鸡存放室的温度较温暖，一般要求 24～28℃，通风良好并且无穿堂风。雏鸡盒的码放高度不能太高，一般不超过 10 层，并且盒之间有缝隙，以利于空气流通。不要把雏鸡盒放在靠暖气、窗户处，更不能日晒、风吹、雨淋。雏鸡应当尽快运到鸡场，越早运到饲养场，饲养效果越好。

第五章　贵妃鸡的饲养管理

为了根据贵妃鸡的生长发育规律及饲养管理特点饲喂相适应的饲料，搞好日常管理工作，可将贵妃鸡的生长大致划分为育雏期、育成期、育肥期和种用期。但在实际生产中，这种划分为几个阶段的具体周龄又受气候条件、鸡的生长发育等因素的影响。生产者要根据鸡的生长发育状况及市场价格行情调整商品鸡的生长期长短，以达到最佳时机上市。

第一节　育雏阶段的饲养管理

雏鸡(0～30 日龄)饲养是贵妃鸡生产的关键阶段，但有些专业户在贵妃鸡育雏养殖这一环节上技术措施处理不够细致，从而影响到整个鸡群生长阶段的发育，造成总成活率降低，养殖效益受损。许多养殖户成功的实践证明，育雏是养殖贵妃鸡成功与否的关键所在，育雏期较高的成活率和较高的均匀度是整体养殖成功的关键因素。育雏的好坏，不但直接影响雏鸡的成活率，还关系着鸡的整个生长过程。因此，养好贵妃鸡必须从育雏抓起，掌握好科学的育雏技术是提高贵妃鸡雏鸡成活率的关键。

一、雏鸡的生理特点

1. 代谢旺盛，生长迅速

雏鸡1周龄时体重约为初生重的2倍，至30日龄时约为初生重的15倍，其前期生长发育迅速，在营养上要充分满足其需要。由于生长迅速，雏鸡的代谢很旺盛，单位体重的耗氧量是成鸡的3倍，在管理上必须满足其对新鲜空气的需要。

2. 雏鸡体温低，调节机能较弱

雏鸡出壳后，其体温调节机能尚未完善，不能随着外界气温的变化来调节体温。通常雏鸡的体温比成年鸡的体温低3℃，而且雏鸡出壳后，仅有绒毛，防寒能力较差，以后随着羽毛的生长和脱换，体温调节机能才逐步完善。所以，育雏开始时必须给予较高的温度，以后逐步降低。

3. 雏鸡的消化器官容积小，消化能力差

在幼雏阶段，不易消化吸收粗纤维过高的食物。但雏鸡生长快，新陈代谢旺盛，需要较高的饲料营养水平。因此，对于雏鸡，要选择易消化，能量、蛋白质、维生素含量较高的饲料，在饲养上应注意少喂多餐。

4. 抗逆能力差

雏鸡由于个体小，机体的防疫系统尚未发育成熟，对环境条件、病原微生物的抵抗能力弱。故要加强管理，做好环境的卫生、消毒、防疫工作，保证栏舍干燥卫生、通风、安静和稳定。

5. 免疫力弱

雏鸡抵抗力弱，很容易受到各种有害微生物的侵袭而感染疾病。雏鸡免疫系统功能低下，对各种传染病的易感性较强，生产中要严格执行免疫接种程序和预防性投药，增加雏鸡的抗病力，以防患于未然。

6. 合群性强

雏鸡模仿性强，喜欢大群生活，一块儿进行采食、饮水、活动和休息。因此，雏鸡适合大群高密度饲养，有利于保温。但是雏鸡对啄斗也具有模仿性，密度不能太大，以防止啄癖的发生。

7. 初期易脱水

刚出壳的雏鸡含水率在75%以上，如果在干燥的环境中存放时间过长，则很容易在呼吸过程中失去很多水分，造成脱水。育雏初期干燥的环境也会使雏鸡因呼吸失水过多而增加饮水量，影响消化机能。因此鸡在出雏之后的存放期间、运输途中及育雏初期必须注意湿度问题以提高育雏的成活率。

二、育雏方式

目前贵妃鸡基本上都饲养在开放鸡舍内，在生长期，采用全进全出制，多采用网上平养或地面垫料平养。如果育雏数量较少，则可采用箱育雏。

1. 箱育雏

对于少量饲养可以采用箱育雏。箱育雏就是用木制或纸质的育雏箱来培育贵妃鸡幼雏。育雏箱长100厘米、宽50厘米、高50厘米，箱盖上开两个直径3～4厘米的通风孔。

将雏贵妃鸡置于垫有稻草或旧棉絮的育雏箱中，60瓦的灯泡挂在离雏贵妃鸡40～50厘米的高度（根据灯泡大小、气温高低、幼雏日龄灵活调整其高度）供热保温。如果室温在20℃以上，挂1

盏 60 瓦的灯泡供热即可；如果室温在 20℃以下，则要挂 2 盏 60 瓦的灯泡供热。雏贵妃鸡吃食和饮水时，用人工将其捉出，喂饮完后又捉回育雏箱内。如果室温过高，需打开育雏箱的顶盖。不论白天晚上育雏箱都要盖上一层蚊帐布，以防蚊叮；如不打开箱顶盖，其上的通风孔也应盖上一层蚊帐布。如果室内温度过低，通过在育雏箱上加盖单被来调节箱内温度，但要注意定时开箱换气。箱育雏设备简单，但保温不稳定，需要精心看护，效率较低，仅适于小规模育 0～10 日龄的幼雏以及家庭饲养者饲养少量贵妃鸡。

2. 网上平养

网上育雏即在离地面 50～60 厘米高处，架上丝网，把雏鸡饲养在网上。网上平养是鸡育雏最成功的方式，由于鸡的排泄物可以直接落入网下，雏鸡基本不同粪便接触，从而减少与病原接触，减少再感染的机会，尤其是对防止球虫病和肠胃病有明显的效果；网上平养不用垫料，减轻了劳动量，减少了对雏鸡的干扰，从而减少雏鸡发生应激的可能，提高雏鸡的成活率，但网上平养造价相对较高。

工厂化鸡场常用大群全舍网上平养幼雏或大群围栏网上平养幼雏，但小型鸡场及农村养殖户，一般可采用小网床培育。网床由底网、围网和床架组成。网床的大小可以根据育雏舍的面积及网床的安排来设计，一般长为 1.5～2 米、宽 0.5～0.8 米，床距地面的高度为 50～60 厘米。床架可用三角铁、木、竹等制成，床底网可采用 1.25 厘米×1.25 厘米规格网目，在育 0～21 日龄的幼雏时在底网上铺一层 0.5 厘米×0.5 厘米网目的塑料网即可。网床的四周应加高度为 40～50 厘米（底网以上的高度）的围网，以防雏鸡掉下网床。

3. 地面垫料平养

地面垫料平养按舍内地面类型又可分为更换垫料育雏、厚垫料育雏两种。

(1)更换垫料育雏：一般把雏鸡育在铺有垫料的地面上，垫料厚3～5厘米，两三天更换一次。此法所用的育雏方式有以下几种：

①伞形育雏器育雏：伞形育雏器的热源可由电热丝、煤油等来提供。容鸡只数根据育雏器的热源面积而定，约300～1000只。其优点是可养育较多幼雏，雏鸡可自由在伞下进出选择适温带，换气良好。缺点是必须有保温良好的育雏舍，垫料易脏及成本较高等。特别是电热伞形育雏器余热很少，在冬季育雏常需另加火炉或热水管以升高室温。

②红外线灯育雏：利用红外线灯散发的热量育雏，灯泡规格为250瓦。使用时成组连在一起，悬挂于离地面45厘米高处，室温低时可降低至33～35厘米。第二周起每周将灯提高7～8厘米，直至60厘米。另外舍内应有升温设备。最初几天要用围栏将初生雏限制在灯泡下1.2米直径的范围，以后逐渐扩大。料槽和饮水器不能放在灯下。每盏灯的保暖雏鸡数与室温有关。

用红外线灯育雏，因保温稳定，室内干净，垫料干燥，雏鸡可自由选择合适的温度，育雏效果良好，但耗电量大，灯泡易损，要特别注意在使用时，不要摆动和滴冷水。

③烟道式育雏：有地上水平烟道和地下烟道两种。其原理都是烧煤或利用当地其他燃料，使热气通过烟道而升高室温。二者比较，地下烟道埋在地下，管理时便于操作；因散热慢，保温时间久，耗燃料少；热从地面上升，适合于雏鸡伏卧地面休息的习性；地面和垫料暖和干燥，球虫病等发病率低。烟道式育雏舍要求房舍结构比较高，不仅墙壁的保温性能要好，而且应加天花板，使室内的保温空间小一些。天花板的高度一般离地面1.7米为宜。

④热水管式育雏：大型鸡场的育雏舍，采用地面平养时，每室育雏数达5000～25 000只，多用热水管式育雏。在育雏舍中央部

分装设锅炉，用热水管或蒸汽管通往两侧的育雏室，热水管道上覆盖护板保存温度。管的高度距地面 30 厘米，雏鸡在水管下活动取暖，随着雏鸡日龄渐大，护板应逐渐升高。有的将热水管装于地面之下，管理更为方便，适用于固定式育雏舍。这种方式在寒冷地区多用。

(2)厚垫料育雏：用厚垫料育雏，可省去经常更换垫料的繁重劳动。育雏舍打扫清洁后，首先撒一层熟石灰（每平方米撒布 1 千克），然后再铺上 5～6 厘米厚的垫料，育雏约 2 周后，开始增铺新垫料，直至厚度达到 15～20 厘米为止。垫料于育雏结束后一次清除。

三、进雏前的准备

雏鸡入舍前的准备工作是育雏的一项重要技术措施，它关系到雏鸡育雏期的成活率、健康状况和生长速度。根据接雏的日期做好相应的准备工作，准备工作的任务是创造一个清洁干净、没有病源、温暖舒适、采食饮水方便的生活环境。

1. 拟定育雏计划

根据本场的具体条件，制定育雏计划，每批进雏数应与育雏鸡舍、成鸡舍的容量大体一致。一般育雏舍和育成舍的比例为1∶2，进雏数一般决定于当年新鸡的需要量，在这个基础上再加上育成期间死亡的淘汰数。

(1)育雏季节的选择：季节与育雏的效果有密切关系，因此育雏应选择适合的季节，并应根据不同地区和环境条件进行选择。在自然环境条件下，一般以春季育雏最好，初夏与秋冬次之，盛夏最差。

①春雏：指 2～5 月份孵出的鸡雏，尤其是 3 月份孵出的早春

雏。春季气温适中,空气干燥,日照时间长,便于雏鸡活动,鸡的体质好,生长发育快,成活率高。同时,室外气温逐渐上升,天气较干燥,有利于雏鸡群降温、脱温,适合雏鸡的生长发育。特别是这一时期育的雏,在7～8月已经长成大雏,能有效抵御夏季的潮湿气候。更重要的是,在正常的饲养管理条件下,春雏到了9～10月可全部开产,一直产到第二年夏季,第一个产蛋年度时间长,产蛋量高,蛋重大。在南方,种鸡的产蛋高峰期可避开夏秋季炎热,种用价值和生产力最高,但在北方,其产量高峰期处于最寒冷的季节,如鸡舍无保温设施,将严重影响种鸡的产蛋能力和受精率,曾发现种鸡受精率低于10%的现象,应引起生产者的高度重视。

②夏雏:指6～8月份出壳的小鸡雏。夏季育雏保温容易,光照时间长,但气温高,雨水多,湿度大,雏鸡易患病,成活率低。如饲养管理条件差,鸡生长发育受阻,体质差,当年不开产,产蛋持续期短,产蛋少。

③秋雏:指9～11月份孵出的雏鸡,这个时期气候温和,空气干燥,是育雏比较有利的季节,光照时间较短,性成熟较迟,育成阶段要注意调节控制种鸡的性成熟日龄,适时开产。秋雏应在次年气温达到最高的日期之前出现产蛋高峰期。

④冬雏:指12～2月份(次年)孵出的雏鸡,这时天气寒冷,保温时间长,缺乏阳光和充足运动,生长发育受到一定的影响,雏鸡育成期长,生产成本高,雏鸡育成率低。当种鸡群的产蛋出现高峰时正遇上高温气候,在南方省分会严重影响产蛋能力,在当年秋季又常会换羽,造成产蛋率的进一步下降。所以一般不选择冬季育雏。

(2)房舍、设备条件:如果利用旧房舍和原有设备改造后使用的,主要计算改造后房舍设备的每批育雏量有多少。如果是标准房舍和新购设备,则计算平均每育成一只雏鸡的房舍建筑费及设备购置费,再根据可能用于房舍设备的资金额,确定每批育雏的只数及房舍设备的规模。育雏室应该保温良好，便于通风、清扫、消毒及饲喂操作。用前需经修缮，堵塞鼠洞。

(3)可靠的饲料来源：根据育雏的饲料配方、耗料量标准以及能够提供的各种优质饲料的数量(特别要注意蛋白质饲料及各种添加剂的满足供应)，算出可养育的只数及购买这些饲料所需的费用。

(4)资金预计：将房舍及饲料费用合计，并加上适当的周转资金，算出所需的总投资额，再看实际筹措的资金与此是否相符。

(5)其他因素：要考虑必须依赖的其他物质条件及社会因素如何，如水源是否充足，水质有无问题，特别是电力和燃料的来源是否有保证，育雏必需的产前、产后服务(如饲料、疫苗、常用物资等的供应渠道及产品销售渠道)的通畅程度与可靠性。

首先将这 4 个方面的因素综合分析，确定每一批育雏的只数规模，这个规模大小应建立在可靠的基础上，也就是要求上述几个因素应该都有充分保证，同时应该结合市场的需求、收购价格和利润率的大小来确定。每一批的育雏只数规模确定后，再根据一年宜于养几批，决定全年育雏的总量。

其次，需要选择适宜的育雏季节和育雏方式，因为选择得当，可以减少费用开支而增加收益。实际上育雏季节与方式的选择，在确定育雏规模和数量时就应结合考虑进去。

2. 育雏用品的准备

(1)保温设备：无论采用什么热源，都必须事先检修好，进雏前经过试温，确保无任何故障。如有专门通风、清粪装置及控制系统，也都要事先检修。

①热风炉：以煤等为原料的加热设备，需进行检查维修。

②锅炉供暖：分水暖型和气暖型，育雏供温以水暖型为宜。

③红外线供暖：红外线发热原件有两种主要形式，即明发射体

和暗发射体，两种都安装在金属反射罩下。

(2)育雏设备及用具的准备：根据育雏规模，准备好育雏伞、料槽、饮水器、垫草、燃料、围栏、资金、育雏记录表等。

①料槽要求：喂料器每 100 只用一个 2.5 千克的料桶，每 100 只用一个开食盘。

②饮水器：雏鸡饮水最好采用真空饮水器。这样使水盘的水深控制在 1.5 厘米，水面宽度 2 厘米，较为适宜。100 只用 1.5 升的饮水器 1 个。

(3)供温设施测试：进雏前 2～3 天，对育雏舍进行供温和试温，观察能否达到育雏要求的温度，能否保持恒温，以便及时调整。做好安全检查，用煤火供温要有烟囱，有煤气出口，并注意防火灾。

(4)饲料准备：雏鸡 0～6 周龄累计饲料消耗为每只 900 克左右。雏鸡可用全价配合饲料，也可自己配制。自己配制时要注意原料无污染、不霉变，最好现用现配，一次配料不超过 3 天用量。饲料形状以颗粒破碎料最好。

(5)垫料的准备：地面育雏的，为了保暖的需要，通常需铺设垫料。垫料质量要求是不发霉、不污染和松软、干燥、吸水性强，长短粗细适当。种类有锯末、小刨花、玉米秆、稻草、稻壳、麦秸等，可以混合使用。使用前应将垫料暴晒，发现发霉垫草应当挑去。铺设厚度以 5 厘米左右为宜，但要平整，离热源最少要有 10 厘米的距离。在铺设垫草的同时，用育雏网板将育雏室隔成小圈，热源在圈的中心，以便把小鸡固定在热源的附近。2 周龄以内的小鸡，就在小圈内取暖、采食、饮水、休息。围高 40 厘米左右，圈大小应视鸡群大小及保温设备而定。如果用保温伞保温，围栏高保温伞的边缘 80～100 厘米；如用煤炉提高整个室温取暖，则围栏可留小一些，每圈育雏鸡 200 只左右。围栏一般到小鸡不用热源保温时便可拆除。

(6)网床：采用网床育雏的，根据要求铺好网床。

(7)燃料:均要按计划的需要量提前备足。

(8)药品及添加剂:为了预防雏鸡发生疾病,适当地准备一些药物是必要的。消毒药如煤酚皂、紫药水、新洁尔灭、烧碱、生石灰、高锰酸钾、甲醛等;用以防治白痢病、球虫病的药物如呋喃唑酮、球痢灵、氯苯肌、土霉素等。添加剂有速溶多维、电解多维、口服补液盐、维生素C和葡萄糖等。

(9)疫苗:根据基础免疫的要求,准备好相关疫苗。

(10)其他用品:包括各种记录表格、温度计、连续注射器、滴管、刺种针、台秤和喷雾器等都要准备好。

3. 消毒

无论是新建鸡舍还是原来利用过的建筑,在进鸡之前都必须经过严格的清洗和消毒。

(1)清扫:首先清扫屋顶、四周墙壁以及设备内外的灰尘等脏物。若是循环生产,每一批肉鸡出场以后,应对鸡舍进行彻底的清扫,将粪便、垫料、剩料分别清理出去,对地面、墙壁、棚顶、用具等的灰尘要打扫干净。

(2)冲洗:冲洗是大量减少病原微生物的有效措施,在鸡舍打扫以后,都应进行全面的冲洗。不仅冲洗地面,而且要冲洗墙壁、网床、围网、饲料器、饮水器等一切用具。如地面黏有粪块,结合冲洗时应将其铲除。最好使用高压水枪冲洗,如没有条件应多洗一两遍,冲洗干净以后,在水中加入广谱消毒剂喷洒消毒一遍。

(3)周围环境:清除雏鸡舍周围环境的杂物,然后用火碱水喷洒地面,或者用白石灰撒在鸡舍周围。

(4)熏蒸消毒:上述清洗消毒完成以后,将水盘和料盘(按10只雏鸡配1个,均匀摆放,使用电热育雏伞育雏时料盘放置在离伞边缘20厘米左右的地方)以及育雏所用的各种工具放入舍内,然后关闭门窗,用福尔马林熏蒸消毒。熏蒸时要求鸡舍的湿度70%

以上，温度10℃以上。消毒剂量为每立方米体积用福尔马林42毫升加42毫升水，再加入21克高锰酸钾。1～2天后打开门窗，通风晾干鸡舍。如果离进鸡还有一段时间，可以一直封闭鸡舍到进鸡前3天左右。空舍2～3周后在进鸡前约3天再进行一次熏蒸消毒。

4. 育雏舍的试温和预热

育雏前准备工作的关键之一就是试温。检查维修火道后，点燃火道或火炉升温2天，使舍内的最高温度升至39℃。升温过程中要检查火道是否漏气。试温时温度计放置的位置应放置在距雏鸡背部相平的位置。

雏鸡进舍前24小时必须对鸡舍进行升温，尤其是寒冷季节，温度升高比较慢，鸡舍的预热升温时间更要提前。在秋冬季节，墙壁、地面的温度较低，所以必须提前2～3天开始预热育雏舍，只有当墙壁、地面的温度也升到一定程度之后，舍内才能维持稳定的温度，但雏鸡舍的温度要求因供暖的方式不同而有所差异。采用育雏伞供暖时，1日龄时伞下的温度控制在35～36℃，育雏伞边缘区域的温度控制在30～32℃，育雏室的温度要求25℃。采用整室供暖（暖气、煤炉或地炕），1日龄的室温要求保持在29～31℃。

四、进　雏

在雏鸡到达前，再检查一次育雏室所需的设备如饮水器、喂料器、垫料、保温设施等是否准备就绪，不足的补足。

如果进雏后，舍内温度仍不太稳定，可以先让雏鸡仍在运雏盒中休息，待温度稳定后再放入育雏器内。随着雏鸡的逐渐长大，羽毛逐渐丰满，保温能力逐渐加强，对温度的要求也逐渐降低，但不要采取突然降温的方法。

若是购买的鸡苗，运回后尽快放到水源和热源处，并立即饮万分之一的高锰酸钾水（水呈浅红色即可），用以清洁雏鸡肠胃，促进卵黄吸收。一般情况，喂水 2～3 小时后，才喂料（天冷时，饲料盘和饮水器应放近热源处）。一次投放饲料不要太多，放料后，用手指轻击料盘，引诱小鸡采食。然后将所有的鸡苗箱移出育雏舍处理。

自行孵化的进雏可以分批进行，尽量缩短在孵化室的逗留时间，以免早出壳的雏鸡不能及时饮水和开食，导致体质逐渐衰弱，影响生长发育，降低成活率。

五、育雏期的饲养管理

雏鸡的管理是一种很细致而艰巨的工作，需要有责任心，认真负责，严格执行规程，做到科学管理，给雏鸡创造最佳的环境条件。

1. 雏鸡饮水与开食

雏鸡接运到育雏室，休息 1～2 小时后，应当是先给予饮水，然后再开食。饮水有利于雏鸡肠道的蠕动，吸收残留卵黄，排出胎粪和增进食欲。

（1）饮水：初生雏鸡接入育雏室后，第一次饮水称为初饮。雏鸡在高温条件下，很容易造成脱水。因此，初饮应尽快进行。

初次饮水最好用 16～20℃左右的温开水，可在水中加 8%的白糖或葡萄糖，0.1%的维生素 C 和 50×10^{-6} 的盐酸恩诺沙星，或饮口服补液盐（将食盐 35 克，氯化钾 15 克，小苏打 25 克，多维葡萄糖 20 克溶于 1000 毫升蒸馏水中，效果更佳）。对于长途运输的雏鸡，在饮水中要加入口服补液盐，有助于调节体液平衡。初饮后，应当保持雏鸡能够不间断地得到饮水供应。初饮时，对于无饮水行为的雏鸡，可轻轻抓住雏鸡头部，将喙部按入水中 1 秒左右，每100只雏鸡教5只，则全群能很快学会。

为了预防疾病，0～5日龄阶段可在饮水中按每只雏鸡加入0.05%～0.1%氯霉素，或按每只雏鸡加庆大霉素5000国际单位，或按每只雏鸡加青霉素3000～4000国际单位，或链霉素3万国际单位，另外，每只雏鸡加入维生素C 0.2毫升。6～10日龄饮水中加入0.02%的呋喃唑酮，但必须彻底溶解，严防中毒。

0～7日龄每天每只鸡按20毫升左右饮水计算，每天至少分4～5次供水，每次饮0.5～1小时。初次饮水之后，雏鸡每100千克水中加50克诺氟沙星，连饮7天，停3天，再饮5天，然后可直接饮井水。饮水器要充足，一般100只雏鸡最少要有3个1250毫升的饮水器或相应的饮水容器，均匀地分布在鸡舍各处。饮水器每天要刷洗干净，并用消毒液消毒。

前7天雏鸡饮水最好使用真空饮水器，7天后用水槽饮水。每次免疫前2～3天给雏鸡饮电解多维，按说明书中标明的用量添加，这时不能混饮其他药物。

在正常饲养管理环境下，雏鸡饮水量的突然变化多是疾病来临的征兆。因此，每天要认真观察、记录饮水情况，及时发现问题，以便及时采取相应的预防措施。

(2)开食：雏鸡第一次喂食称为开食，开食时间一般掌握在初饮后2～3小时的白天进行，开食在浅盘或硬纸上进行。开食不是越早越好，过早开食胃肠软弱，有损于消化器官。但是，开食过晚有损体力，影响正常生长发育。当有60%～90%雏鸡随意走动，有啄食行为时应进行开食。

①开食方法：将配制好的开食饲料撒在料盆内，任其自由采食。整个开食时间宜短，一般在30分钟内完成。

②诱食方法：刚开食时，雏鸡可能不会吃食，需要诱导。先用手轻碰鸡嘴，吸引其注意力，然后引向开食料，或打开雏鸡嘴，直接将开食料塞进鸡嘴内；把切成细丝的青菜放在手上晃动，或者将蒸

煮半熟的小米或切碎的青菜丝均匀地撒在食盘上，用手轻轻叩打食盘，引诱和训练雏鸡采食。第二次喂料，应将被污染饲料扫清。

③开食饲料：开食的饲料要求新鲜，颗粒大小适中，易于啄食，营养丰富易消化，常用的是非常细碎的黄玉米颗粒、小米或雏鸡配合饲料。

配方一，用全价小颗粒饲料或浸泡 2 小时的碎米、小米搭配切细的嫩青绿饲料，按精饲料与青绿料 1∶2 的比例混合均匀。

配方二，全价饲料 20%，蒸熟的玉米面 20%，切碎的青菜叶 60%。

凡是开食正常的雏鸡，第 1 天平均每只最多吃 3～4 克，第 2 天增加到 7 克左右，第 4 天可增加到 9～10 克，第 5 天可达 12 克。

开食良好的鸡，走进育雏室即可听到轻快的叫声，声音短而不大，清脆悦耳，且有间歇；开食不好的鸡，有烦躁的叫声，声音大而叫声不停。

开食正常，雏鸡很安静，很少站着休息，更没有吃食扎堆的现象。

在混合料或饮水中放入预防白痢病的药物，能大大减少白痢病的发生；如果在料中或水中再加入抗生素，大群发病的可能性更小，粪便也正常。但开食不好、消化不良的雏鸡仍然会出现类似白痢病的粪便，粘连在肛门周围。

所以在开食时应特别注意以下几点：

①挑出体弱雏鸡：雏鸡运到育雏舍，经休息后，要进行清点将体质弱的雏鸡挑出。因为雏鸡数量多，个体之间发育不平衡，为了使鸡群发育均匀，要对个体小、体质差、不会吃料的雏鸡另群饲养，以便加强饲养，使每只雏鸡均能开食和饮水，促其生长。

②延长照明时间：开食时为了有助于雏鸡觅食和饮水，进雏的头 3 天内采取昼夜 24 小时光照。

③选择开食饲料：开食饲料，一般要求营养丰富，适口性佳，容

易消化吸收，可以选择碎米、碎玉米等饲料。

④开食不可过饱：开食时要求雏鸡自己找到采食的食槽和饮水器，会吃料能饮水，但不能过饱，尤其是经过长时间运输的雏鸡，此时又饥又渴，如任其暴食暴饮，会造成消化不良，严重时可致大批死亡。

(3)补饲沙粒：因为鸡没有牙齿，补喂沙粒可以促进肌胃的消化功能，而且还可以避免肌胃逐渐缩小。补喂时把 3 毫米的沙粒按饲料量的 1%～2%投入料中也可以装在吊桶里供鸡自由采食，通常一周后开始自由采食。

2. 雏鸡的日常管理

温度、湿度、通风、光照、营养、卫生和饲养密度等环境条件是成功育雏的基本条件。

(1)温度：育雏温度包括育雏室温度和育雏器温度。育雏温度对 1～30 日龄雏鸡至关重要，温度偏低会引起雏鸡死亡。防止温度偏低固然很重要，但是也应注意防止温度偏高。控制好温度是育雏成败的首要条件。

①对温度的基本要求：育雏室温度要求在 24℃左右，育雏后期可根据鸡群情况逐渐降低室温，将温度计挂在离育雏器较远的墙上，高出地面 1 米处。因同一空间内不同高度的温度有差异，温度计水银球以悬挂在雏鸡背部的高度为宜。一般刚出壳的小雏鸡温度宜高，大雏鸡宜低，小群稍高，群大稍低，夜间稍高，昼间稍低。大致为 1～2 日龄育雏器内 34～36℃，室温 28℃；3 日龄后育雏器内 33～35℃，室温仍 28℃；1 周龄后，每周育雏器内降 2℃，室温降 1℃。供温期内温度最忌忽冷忽热，以免引起雏鸡大批死亡。脱温的日龄在夏季一般 2～4 周龄；冬春季节，脱温日龄在 4～6 周龄。

温度计的读数只是一个参考值，实际生产中要看雏鸡的采食、饮水行为是否正常来确定温度。雏鸡的伸腿，伸翅，奔跑，跳跃，打斗，卧地舒展休息，呼吸均匀，羽毛丰满、干净有光泽，都证明温度适宜；雏鸡挤堆，发出轻声鸣叫，呆立不动，缩头，采食饮水较少，羽毛湿，站立不稳，说明温度偏低；如果雏鸡的羽毛被水淋湿，应以电吹风等器具烘干，可减少死亡。温度过低会引起瘫痪或神经症状。雏鸡伸翅，张口呼吸，饮水量增加，寻找低温处休息，往边缘跑，说明温度偏高，应立即进行通风降温。降温时注意温度下降幅度不宜太大。如果雏鸡往一侧拥挤说明有贼风袭击，应立即检查风口处的挡风板是否错位，检查门窗是否未关闭或被风刮开，并采取相应措施保持舍内温度均衡。

②温度控制的稳定性和灵活性：雏鸡日龄越小，对温度稳定性的要求越高，初期日温差应控制在 3℃之内，到育雏后期日温差应控制在 6℃之内，避免因为温度的不稳定给生产造成重大损失。

温度的控制应根据鸡群和季节变化的情况灵活掌握。对健壮的雏鸡群育雏温度可以稍低些，在适温范围内，温度低些比温度高些效果好；对体重较小、体质较弱、运输途中及初期死亡较多的雏鸡群温度应提高些；夜间因为雏鸡的活动量小，温度应该比白天高出 1～2℃；秋冬季节育雏温度应该提高些，寒流袭来时，应该提高育雏温度；断喙、接种疫苗等给鸡群造成很大应激时，也需要提高育雏温度；雏鸡群状况不佳，处于临床状态时，适当提高舍温可减少雏鸡的损失。

③雏鸡的温度锻炼：随着日龄的增长，雏鸡对温度的适应能力增强，因此应该适当降温。适当的低温锻炼能提高雏鸡对温度的适应能力。不注意及时降温或长时间在高温环境中培育的鸡群，常有畏寒表现，也易患呼吸道疾病。秋天的雏鸡即将面临严寒的冬天，尤其需要注意及时降温，培育鸡群对低温的适应能力。

降温的速度应该根据鸡群的体质和生长发育的状况，根据季节气温变化的趋势而定，大致每天降低 0.5℃，也可每周降 3℃左右。

供暖时间的长短应该依季节变化和雏群状况而定。秋冬育雏供暖时间应该长一些，当育雏温度降至白天最低温度时，就可以停止白天的供暖，当夜间的育雏温度降至夜间的最低温度时，才可以停止夜间的供暖。在昼夜温差较大的地区，白天停止供热后，夜间仍需继续供热1～2周。

(2)湿度：空气含水汽多湿度大，含水汽少湿度小，表示湿度大小通常用相对湿度。所谓相对湿度是指在一定时间内，某处空气中所含水气量与该气温下饱和水气量的百分比。生产实践中可用相对湿度来测定鸡舍内的湿度。

①湿度的要求：在一般情况下，相对湿度要求不严格。只有在极端情况下或与其他因素共同发生作用时，才对雏鸡造成危害。如环境过于干燥，雏鸡绒毛枯脆脱落，脚趾干瘪，体质差，育雏率下降；高温低湿易引起雏鸡的脱水，绒毛焦黄，腿、趾皮肤皱缩，无光泽，体内脱水，消化不良，身体瘦弱，羽毛生长不良。因此，雏鸡从高湿度的出雏器转到育雏舍，湿度要求有一个过渡期。第一周要求湿度为70％～75％，第二周为65％～70％，以后保持在55％～60％即可。育雏前期要增大环境湿度，因为前期雏鸡饮水、采食较少，排粪也少，环境干燥，而随日龄的增加，排粪量增加，水分蒸发多，环境湿度也大，要注意防潮。尤其要注意经常更换饮水器周围的垫料，以免腐烂、发霉。

②相对湿度的测定：测定相对湿度是采用干湿球温度计，如测定鸡舍内相对湿度，应将干湿球温度计悬挂在舍内距地面40～50厘米高度的空气流通处。

③舍内湿度的调节：生产中，由于饲养方式不同、季节不同、鸡龄不同，舍内湿度差异较大。为了满足雏鸡的生理需要，要对舍内湿度经常进行调节。

增加舍内湿度的办法：一般在育雏前期，需要增加舍内湿度。如果是网上平养育雏，则可以在水泥地面上洒水增加湿度；若垫厚料平养育雏，则可以向墙壁上面喷水或在火炉上放一个水盆蒸发水气，以达到补湿的目的。

降低舍内湿度的办法：降低舍内湿度的办法主要有升高舍内温度，增加通风量；加强平养的垫料管理，保持垫料干燥；冬季房舍保温性能要好，房顶加厚，如在房顶加盖一层稻草等；加强饮水器的管理，减少饮水器内的水外溢；适当限制饮水。

(3)通风：育雏期室内温度高，饲养密度大，雏鸡生长快，代谢旺盛，呼吸快，需要有足够的新鲜空气。另外舍内粪便、垫料因潮湿发酵，常会散发出大量氨气、二氧化碳和硫化氢，污染室内空气。所以，育雏时既要保温，又要注意通风换气以保持空气新鲜。在保证一定温度的前提下，应适当打开育雏室的门窗，通风换气增加室内新鲜空气，排出二氧化碳、氨气等不良气体。一般以人进入育雏舍内无闷气感觉，无刺鼻气味为宜。在冬天育雏和育雏前期(3 周龄前)，可在育雏舍安装风斗(上罩布帘)或纱布气窗等办法，使冷空气逐渐变暖和后流进室内；3 周龄后，可选择晴暖无风的中午，开窗通风透气。

通风换气要注意避免冷空气直接吹到雏鸡身上，而使其着凉感冒；也忌间隙风。育雏箱内的通气孔要经常打开换气，尤其在晚间要注意换气。

(4)光照：0～7 日龄，每天 22 小时光照，8 日龄开始至第 5 周龄为 16 小时光照，6～18 周龄为自然光照，以后每周增加 0.5 小时光照，增加到 28 周龄达 17 小时止，往后每天维持 17 小时光照至 64 周龄止。光照强度 1 周龄雏鸡，可按每 15 平方米的鸡舍，在 2 米高的位置挂一个 40 瓦的灯泡；从第 2 周开始，换用 25 瓦的灯泡即可。灯泡与灯泡之间的距离应为灯泡高度的 1.5 倍。舍内如果安装 2 排以上的灯泡，应交错排列。

(5)分群：雏鸡的饲养是养鸡生产中比较细致而重要的工作，要使雏鸡今后有良好的生产性能，只有从育雏开始，加强饲养管理工作，才能使鸡群生长发育和性成熟一致。

雏鸡孵出后，早已按公、母、强、弱进行了分群饲养，但因为鸡群大，数量多，尽管品种、日龄、饲养水平和管理制度均是一样，但性别不同或性别相同而个体之间大小不一的雏鸡，其生长发育速度不平衡，因此还要进行分群，每群 400～500 只雏鸡为宜。分群饲养使每只雏鸡均能充分采食，雏鸡生长良好，增重快，成活率高。

(6)饲养密度：饲养密度的单位常用每平方米饲养雏鸡数来表示。密度大小应随日龄、通风、饲养方式等的不同而进行调整。在饲养条件不太成熟或饲养经验不足的情况下，不要太追求单位面积的饲养量和效益。饲养密度过大，可能造成饲养环境的恶化，影响生长和降低抗病力，反而达不到追求效益的目的。

一般来讲，网床饲养密度比落地散养大些，可以多养 20%～30%的鸡。随着日龄增长及时调整饲养密度，要将公母、大小、强弱分群饲养。一般情况，1 周内每平方米可养 100 只，2～3 周每周减 20 只，4～5 周每周减 10 只。

(7)合理饲喂：雏鸡的饲喂方式可分为两种：一种是定时定量。就是根据雏鸡的日龄大小和生长发育要求，把饲料按规定的时间分为若干次投给的饲喂方式，一般在 4 周龄以前每日可喂 4～6 次，可在 6 时、9 时、12 时，下午 3 时、6 时各投料一次，投喂的饲料量是在下次投料前半小时能食完为准。这种方式有利提高饲料的利用率。另一种是自由采食方式，就是把饲料放在饲料槽内任雏鸡随时采食。一般每天加料 1～2 次，终日保持饲料器内有饲料。这种方式在贵妃鸡饲养中较多采用，实践证明，这种方式可使鸡的生长速度比前一种快，还可以避免饲喂时鸡群抢食、挤压和弱雏争不到饲料的现象，使鸡群都能比较均匀地食饲料，生长发育也比较均匀。每次喂料量宜少不宜多，让雏鸡吃到“八分饱”，使其保持旺盛食欲，有利于雏鸡健康的生长发育。料的细度 1～1.5 毫米，细粒料可以增强适口性。

每周略加些不溶性河沙(河沙必须淘洗干净),每100只鸡每周喂200克,一次性喂完,不要超量,切忌天天喂给,否则常招致硬嗉症。

(8)提供充足的饮水:在某种意义上说,水比饲料还重要,因为鸡体的大部分都是水,约占鸡体重量的70%,而且其生命的一切代谢过程都离不开水的作用,在整个养鸡生产过程中,都不能断水,保证雏鸡能随时饮到清洁的水。这一点,对于中鸡、大鸡来说都是一样的。

(9)保持安静的饲养管理环境:贵妃鸡在神经类型上属活泼型,任何异常声响及异物都会引起全群产生应激反应而惊叫或扑飞。因此饲养管理人员的一切操作必须有规律,以便使贵妃鸡产生良好而熟悉的条件反射,动作要轻而不粗暴。

(10)要注意预防鸡群的啄癖:贵妃鸡的商品鸡羽毛齐全很重要,从遗传角度来看,贵妃鸡是没有啄癖的,但有个别饲养户在饲养过程中,偶然也有啄毛现象发生。产生啄毛的原因有很多,但主要是营养、天气及环境上的原因,如果不是采用全价饲料,就容易出现由下列原因而引起的啄癖:含硫氨基酸不足,盐分不够,维生素不足等。在天气上如出现忽晴忽雨、天气闷热;环境上如鸡群密度太大、通风不良、光照过强等情况,鸡群就容易产生啄毛,这时要迅速找出原因,对症处理,还要拣出啄毛的和被啄毛的鸡另外圈养,一旦啄毛形成习惯,就很难处理。经常出现啄癖的鸡场最好在10日龄时适度断喙。

(11)采用"全进全出"制:现代饲养场中的育雏阶段都主张实行"全进全出"制度。"全进"是指一座鸡舍(或场)只养同一日龄的初生雏,如同一批的初生雏数量不够,可分两批入场,但所有的雏鸡日龄最多不得相差1周。"全出"是指同一鸡舍的雏鸡于同一天(一批鸡同时出)转到育成舍。这样将避免一座鸡舍养多批日龄大小不同的雏鸡,致使鸡舍连续不断地使用。"全出"后,将鸡舍内的设备按入雏前的准备工作各项清理消毒，再行接雏。这样可以有效地切断循环感染的途径，消灭场内的病原体，使雏鸡开始生活于一个洁净的环境，能够健康地生长。同时，场内养一批同一日龄的鸡管理方便，也便于贯彻技术措施。经消毒空闲7～14天后方可再用。

(12)日常卫生：雏鸡鸡舍内的卫生状况是影响雏鸡群健康和生产性能的重要因素，应注意清洗打扫。

①饮水器具、料筒、料盘和工作服等每天清洗干净后，日光照射2小时消毒，注意在饮水免疫的当天水槽不要用消毒药水涮洗。及时打扫育雏舍卫生，每天定时通风换气。

②定期更换入口处的消毒药和洗手盆中的消毒药，对雏鸡舍屋顶、外墙壁和周围环境也要定期消毒。

③定期清理地面的鸡粪、垫料：正常情况下两三天换一次垫料就可以了，但鸡群发病时每天必须清除鸡粪，清理鸡粪后要冲刷地面。冲刷后的地面用2%的火碱水溶液喷洒消毒。清出的垫料运到垫粪场进行发酵处理。

④预防寄生虫：夏季是鸡寄生虫病的高发期，可用5×10^{-6}的抗球王拌料预防；驱除体内绦虫，用灭绦灵150～200毫克/千克体重拌料；驱除体内线虫，用左旋咪唑20～40毫克/千克体重，一次口服；驱体表寄生虫，如虱子、螨，用0.03%蝇毒磷水乳剂或4000～5000倍杀灭菊酯溶液洒体表、栖架、地板。

⑤防饲料霉变：夏天温度高，湿度大，饲料极易发霉变质，进料时应少购勤进；添料时要少加勤添，而且量以每天吃净为宜，防止日子过长，底部饲料霉变。

⑥做好值班工作，经常查看鸡群，严防事故发生：温度是育雏成败的关键。即使有育雏伞、电热育雏器自动控温装置，饲养员也要经常进行检查和观察鸡群，注意温度是否合适，特别是后半夜自然气温低，稍有疏忽，煤炉灭火，温度下降，雏鸡挤堆，造成感冒、踩

伤或窒息死亡。

⑦经常检查料桶是否断料，饮水器是否断水或漏水，灯泡是否损害或积灰太多；雏鸡是否被网子卡着、夹着等；是否有鸡在料桶中出不来或被淹入饮水器中；及时挑出弱小鸡或瘫鸡等；严防煤气和药物中毒发生。

(13)疾病预防：严格执行免疫接种程序，预防传染病的发生。每天早上要通过观察粪便了解雏鸡健康状况，主要看粪便的稀稠、形状及颜色等。对于一些肠道细菌性感染（如白痢、霍乱等）要定期进行药物预防。20 日龄前后，要预防球虫病的发生，尤其是地面垫料的鸡群。

①环境的清洁卫生：鸡舍内阴湿之处，最适于病原菌的生存与发育，常成为疾病的发源地。有许多病原，在有阳光照射或干燥的情况下，很容易死亡。因此，鸡舍要保持排水流畅、土地干燥、有阳光照射，可减少病传染源出现的机会。坚决不用发霉垫料，不喂发霉饲料。

②预防用药：1～14 日龄，在饲料中添加 0.02%～0.04%的土霉素或四环素，预防雏鸡白痢病。从 15 日龄开始，在饲料中添加 0.02%的呋喃唑酮，连用 1 周；再减量为 0.01%～0.015%，连用 1 周后，停药 2 天；再连用，直至育雏结束，预防球虫病。呋喃唑酮混入料中，要搅拌均匀，以防中毒。16～18 日龄，普百克饮水，每日 1 次，每次 30～40 只鸡 10 毫升，连用 3 天；30～35 日龄，环丙沙星，5 克/瓶，拌原粮 70 千克。

③基础免疫：做好相应日龄的基础免疫工作。

④加强对雏鸡的观察，发现问题及时采取相应措施，是提高鸡群成活率的关键。除了隔离治疗或淘汰病态明显的（如缩头、羽毛松乱、肛门粘粪等）病鸡外，还应注意下列情况。

Ⅰ. 经常检查小鸡的嗉囊饱满程度，含水分是否适中，如发现嗉囊结实或嗉囊空虚，水分过多或过少都是不正常，一定要找出原因。

Ⅱ. 观察鸡群的休息状态是否正常，正常的雏鸡在晚上睡觉时，头颈伸直贴在地面。若发现有鸡只单足站立或离群独处，这是病态，要及时处理。

Ⅲ. 观察鸡群粪便是否正常。正常的鸡粪软硬适中，如鸡群有病，往往在鸡粪上反映出来。

Ⅳ. 听鸡群的呼吸声是否正常。传染性支气管炎引起鸡群咳嗽，传染性喉气管炎还会使病鸡咳出血来。在鸡群晚上休息时听到有呼吸啰音可能是慢性呼吸道病等。

(14)做好育雏期记录：诸如进雏日期、品种名称、进雏数量、温度变化、发病死亡淘汰数量及原因、喂料量、免疫状况、体重、日常管理等内容都应做好记录，以便于查找原因，总结经验教训，分析育雏效果。

(15)育雏成绩的判断标准

①育成率的高低是个重要指标。良好的鸡群应该有98%以上的育雏成活率，但它只表示了死淘率的高低，不能体现培育出的雏鸡质量如何。

②检查平均体重是否达到标准体重，能大致地反应鸡群的生长情况。良好的鸡群平均体重应基本上按标准体重增长，但平均体重接近标准的鸡群中也可能有部分鸡体重小，而又有部分鸡体重超标。

③检查鸡群的均匀度。每周末定时在雏鸡空腹时称重，称重时随机地抓取鸡群的3%或5%，也可圈围100～200只雏鸡，逐只称重，然后计算鸡群的均匀度。计算方法是先算出鸡群的平均体重，再将平均体重分别乘0.9和1.1，得到二个数字，体重在这二个数字之间的鸡数占全部称重鸡数的比例就是这群鸡的均匀度。如果鸡群的均匀度为75%以上，就可以认为这群鸡的体重是比较均匀的，如果不足70%，则说明有相当部分的鸡长得不好，鸡群的

生长不符合要求。

鸡群的均匀度是检查育雏好坏的最重要的指标之一。如果鸡群的均匀度低则必须追查原因,尽快采取措施。鸡群在发育过程中,各周的均匀度是变动的,当发现均匀度比上一周差时,过去一周的饲养过程中一定有某种因素产生了不良的影响,及时发现问题,可避免造成大的损失。

(16)育雏失败原因分析:一般来说,雏鸡死亡多发生在10日龄前,因此称为育雏早期的雏鸡死亡。育雏早期雏鸡死亡的原因主要有两个方面:一是先天的因素;二是后天的因素。

①雏鸡死亡的先天因素

导致雏鸡死亡的先天因素主要有鸡白痢、脐炎等病。这些疾病是由于种蛋本身的问题引起的。如果种蛋来自患有鸡白痢的种鸡,尽管产蛋种鸡并不表现出患病症状,但由于患病,产下的蛋经由泄殖腔时,使蛋壳携带有病菌,在孵化过程中,使胚胎染病,并使孵出的雏鸡患病致死。

孵化器不清洁,沾染有病菌。这些病菌侵入鸡胚,使鸡胚发育不正常,雏鸡孵出后脐部发炎肿胀,形成脐炎。这种病雏鸡的死亡率很高,是危害养鸡业的严重鸡病之一。

由于孵化时的温度、湿度及翻蛋操作方面的原因,使雏鸡发育不全等也能造成雏鸡早期死亡。

防止雏鸡先天因素的死亡,主要是从种蛋着手。一定要选择没有传染病的种蛋来孵化,还必须对种蛋进行严格消毒后再进行孵化。孵化中严格管理,才不致发生各种胚胎期的疾病,孵化出健壮的雏鸡。

②雏鸡死亡的后天因素:后天因素是指孵化出的雏鸡本身并没有疾病,而是由于接运雏鸡的方法不当或忽视了其中的某些环节而造成雏鸡的死亡。

细菌感染:大多是由种鸡垂直传染或种蛋保管过程及孵化过

程中卫生管理上的失误引起的。

环境因素：第一周的雏鸡对环境的适应能力较低，温度过低鸡群扎堆，部分雏鸡被挤压窒息死亡，某段时间在温度控制上的失误，雏鸡也会腹泻得病。一般情况下，刚接来的部分雏鸡体内多少带有一些有害细菌，在鸡群体质健壮时并不都会出现问题。如果雏鸡生活在不适宜不稳定的环境中，会影响体内正常的生理活动，抗病能力下降，部分雏鸡就可能发病死亡。

为减少育雏初期的死亡，一是要从卫生管理好的种鸡场进雏，其次要控制好育雏环境，前三天可以预防性的用些抗生素。

③饲料单一，营养不足：饲料单一，营养不足，不能满足雏鸡生长发育需要，因此雏鸡生长缓慢，体质弱，易患营养缺乏症及白痢、气管炎、球虫等各种病而导致大量死亡。

④不注重疾病防治：不注重疾病防治也是引起雏鸡死亡的后天因素。

3. 雏鸡的脱温

雏鸡随着日龄的增长，采食量增大，体重增加，体温调节机能逐渐完善，抗寒能力较强，或育雏期气温较高，已达到育雏所要求的温度时，此时要考虑脱温。脱温或称离温是育雏室内由取暖变成不取暖，使雏鸡在自然温度条件下生活。一般在夏季，脱温的日龄在2～4周龄；冬春季节，脱温日龄在4～6周龄。

雏鸡经过保温育雏阶段后，就要脱温转入育成鸡阶段。什么时候转入育成鸡阶段要从几方面考虑：一是雏鸡的长势，如果发育正常健康，就可以转群。二是看气候，冬春季节，天气寒冷，保温的时间应长一些，而在夏秋之间，天气暖和，可以提前转群。三是看雏鸡的饲养密度，密度大的应早些。

脱温工作要有计划逐渐进行。如果室温不加热能达到18℃以上，就可以脱温。如达不到18℃或昼夜温差较大，可延长给温时间，可以白天停温，晚上仍然供温；晴天停温，阴雨天适当加温，尽量减少温差和温度的波动，做到“看天加温”。约经 1 周左右，当雏鸡已习惯于自然温度时，才可完全停止供温。

第二节　育成鸡的饲养管理

育成鸡也就是中、大雏，即青年鸡，对于贵妃鸡来说，是指30～60 日龄的鸡。育成鸡饲养培育的目的有两个：一是作为后备鸡群选入种鸡群，二是使其尽快达到商品鸡的体重，投放市场销售。因此，育成鸡饲养管理的好坏，直接关系到能否培育成健康的、有高度生产能力和种用价值的个体，对商品鸡能否整齐按期出售及获得较好生产效益也是至关重要的。

一、育成鸡的生理特点

育成期鸡适应环境的能力大大增强。消化系统功能趋于完善，采食量增加，消化能力增强。这一时期生长发育迅速，体重增加较快，在饲喂过程中要适当控制体重，适当降低蛋白质水平。

育成前期的生长重点为骨骼、肌肉、非生殖器官和内脏，表现为体重绝对增加较快，生长迅速。育成后期体重仍在持续增长，生殖器官（卵巢、输卵管）生长发育迅速，体内脂肪及沉积能力较强，骨骼生长速度明显减慢。生殖器官的发育对饲料管理条件的变化反应很敏感，尤其是光照和营养浓度。因此，育成后期光照控制很关键，同时要限制饲养，防止体重超标。

二、育成鸡的饲养方式

贵妃鸡育成期的饲养方式无论是将来圈养或是放养，都采取舍内网上平养、地面平养的方式，舍外圈运动场的方式饲养。

将来圈养的此时舍外可将运动场圈好，舍内根据育雏期的饲养方式继续采用原方式饲养，采用网上平养的继续网上平养（网床上的雏鸡垫网此时要拿掉），采用地面平养的继续地面平养。将来放养的，则要把育成鸡转到放养地的育成舍（成鸡过夜舍）采取舍内网上平养、地面平养的方式，舍外圈运动场的方式饲养。

无论是圈养还是放养育成期的贵妃鸡白天都要把舍门打开，让贵妃鸡到舍外圈的运动场上自由活动。因贵妃鸡有登高的习性，所以在育成期舍内、舍外必须设架床或栖架。

三、育成鸡饲养的准备

从育雏期到育成期，在饲养管理上是一个很大的转变。若饲养的数量少，不需转舍时，就圈好舍外的运动场。若饲养数量较多，需要转群，为了减少对鸡群的不良影响，使转换工作有序地渐变进行，也应做好相应的准备工作。

1. 育成环境的准备

转群前半个月，对育成环境进行消毒，准备饲槽及饮水器并进行消毒。

2. 准备好育成料

育成期的日粮宜采用直径 0.3～0.5 厘米、长度约 0.8 厘米的中鸡颗粒饲料，不宜再使用粉料。

3. 备好相应设施

采用舍内平养的舍内要铺好垫草；采用落地平养的要在育成舍外圈的运动场上搭好遮雨篷，一则为料槽不淋湿，二则预防育成鸡受雨淋。料槽和饮水器在舍外圈养区的遮雨篷下均匀分布。每100只鸡准备一个8千克塑料饮水器。饲槽按每只鸡3厘米采食宽度设置，也可选用塑料桶。同时把饲料事先放进饲料桶，这样育成鸡一到新家，就能够马上吃上料，喝上水，它们就很快安静下来，这对于缓解因为转群而产生的应激反应很有帮助。

四、育成鸡的饲养管理

1. 转入鸡群

育雏鸡育到30周龄时，就应由育雏舍转至育成舍。如果饲养的数量较少采用育雏育成一段制的饲养方式，就省去了转群的麻烦，但随着育成鸡日龄的增加，要及时调整饲养密度和增加或更换料桶和饮水器数量与规格，保证有充足的位置供鸡采食和饮水，以免造成抢食和拥挤践踏现象。

(1)应激的防治：从相对封闭的育雏舍转到育成舍，这些育成鸡的胆子还很小，一旦受到惊吓就会造成应激反应，影响采食。因此，转群前3天，在饲料中加入电解质或维生素，每天早晚各饮1次。另外，结合转群可进行疫苗接种，以减少应激次数。

(2)分群时机选择：转群时选择晚上最好，第一是为了减少它的应激，第二是抓鸡的时候比较方便，因为鸡不会乱跑。在转群过程中，因为青年鸡骨头比较脆，如果只抓翅膀或者腿部，不仅会使鸡产生应激反应，而且很容易造成骨折或者其他脏器的损伤。因此无论抓鸡还是放鸡，都要双手捧住鸡的腹部，然后再把鸡抱起来，轻抓轻放。转群可以用转群笼，从笼中抓出或放入笼中时，动作要轻，防止抓伤鸡皮肤。装笼运输时，不能过分拥挤。

2. 育成鸡的日常管理

(1)温度：适宜温度为15～20℃。冬季严寒，要做好舍内防寒保温工作；夏季气温较高，应人工降温及降低饲养密度。运动场上可栽植遮蔽日光的树木或搭遮荫棚。

(2)湿度：鸡舍相对湿度以50%～55%为宜。南方4～6月为多雨季节，要采取措施降低湿度，保持舍内干燥，勤换垫料，定期清理粪便，防止饮水器内水外溢。北方干旱季节，要提高湿度。

(3)光照制度：冬春季节自然光照短，必须实行人工补光。其他季节自然光照即可，不需另外增加光照。补光时每平方米以5瓦为宜，从傍晚到晚10时，从早晨6时到天亮。不能骤然长时间补光，每日光照增半小时，逐渐过渡到晚上10时。若自然光照超过每日11小时，可不补光。晚上熄灯后，还应有一些光线不强的灯通宵照明，使鸡可以行走和饮水。在夏季昆虫较多时，可在栖息的地方挂些紫光灯或白炽灯。

(4)通风换气：为了满足育成鸡对氧气的需要和控制温度，创造最佳的小气候环境，排出氨、硫化氢、二氧化碳等有害气体和多余的水蒸气，必须搞好鸡舍通风换气。人工通风换气，当风速风向适宜时能有效地稀释病原微生物对鸡群的危害。适宜的通风量由舍外温度与鸡的周龄而定。

(5)逐渐减少饲养密度和适当分群：转群时要考虑鸡群的养殖密度，育成鸡阶段，舍内每平方米8～10只鸡，舍外要有运动场，面积比舍内多1倍。鸡群的规模要适中，理想的状态是200～500只一个群体。如果同一批的育成鸡比较多，就要划分成几个群体来饲养，也就是大规模小群体的养殖方法。

(6)转换饲料：育成期的贵妃鸡已经有很强的采食能力了，所以吃的也要根据需要有所改变。如粗蛋白的含量有较大幅度的降低，能量水平也有所下降，粗纤维含量可提高到5%左右，饲料成分和原料有了一定的变化，适口性等也发生了变化。因此更换饲料必须逐渐进行，使鸡对新换饲料有3～5天的适应和调节过程。更换饲料时饲料转换要逐渐过渡，第1天育雏料和生长期料对半，第2天育雏期料减至40%，第3天育雏料减至20%，第4天全部用生长期料。

每天定时饲喂4次，从早7点开始；每天每只鸡喂150克左右；供足饮水，让鸡自由饮水，不可饮污水。为了贴近自然，除了每天喂食配合饲料外，还要有意识地给育成鸡准备一些切碎的青草、蔬菜，让它们逐渐习惯吃青饲料。

(7)防止传染病：保持鸡舍清洁，定期进行消毒，严格执行相应日龄的基础免疫程序，防止疾病发生。

(8)日常卫生

①每天刷洗水槽、料槽。

②育成舍要定期带鸡喷雾消毒，周边环境也要定期喷雾消毒，避开免疫时间。

③定期清理地面的鸡粪，清理鸡粪后要冲刷粪盘和地面。

④育成鸡舍同样也要做好杀灭蚊蝇、灭鼠工作。

⑤添料时要少加勤添，而且要每天吃净，防止饲料霉变。

(9)防止应激：由于育成鸡对外界环境比较敏感，如果经常受惊，产生应激，就会影响鸡的生长，因此，尽量不要让育成鸡受到惊扰。

(10)训练育成鸡上架床或栖架：开始时，把不知道上床(架)的鸡轻轻捉上架床或栖架，训练几天以后，鸡也就习惯上了。

(11)归舍训练：在傍晚贵妃鸡进舍之后，及时在舍内进行补饲，使贵妃鸡形成习惯，以便将来有鸡只飞逃出去，也能及时归舍。

(12)勤观察记录：要养好贵妃鸡，必须学会勤观察勤记录。每天应注意观察鸡群的动态，如精神状态、吃料饮水、粪便和活动状况等有无异常；记录好每天的耗料量、耗水量，才能及早发现问题及时分析处理。

(13)后备鸡的选留：育成鸡生长至60日龄时要结合转群进行选留后备鸡工作，其余鸡只全部转入育肥群进行育肥。选留的贵妃鸡的体型外貌需符合贵妃鸡品种的要求：身体健壮，站立时姿势平稳，走动时步伐自然，动作灵活，尾部上翘；外貌无缺陷，第二性征明显；公鸡体重达1.5千克以上，母鸡1.25千克以上，公、母比例按1∶(3～4)选留(选留时公母比例也可高些，以便将来淘汰)。

第三节　育肥鸡的饲养管理

60日龄结合转群时对不作种用的公鸡和淘汰的母鸡进行育肥处理。此期的饲养要点是促进鸡体内脂肪的沉积，增加鸡的肥度，改善肉质和羽毛的光泽度，做到适时上市。

一、育肥鸡的特点

此期间育成鸡的羽毛已基本覆盖全身，采食量最多，消化最快，生长增生也快，脂肪沉积多，绝对生长最快，肉的品质得以完善，是决定育肥鸡商品价值和养殖效益的重要阶段。因此，在饲养管理上要抓住这一特点，使育肥的育成鸡迅速达到上市体重出售。

二、育肥鸡的饲养方式

肥育期的饲养方式常因饲养规模的大小而异，大群的饲养方式一般和育成鸡一样，除留作种用的另舍饲养外，育肥的鸡只可原舍饲养，直至出栏。若有条件的地方，特别是在山区的农户和果农，可以在田间或丛林、果树林中放养。一方面可以让鸡捕食大自然的昆虫、蚂蚁、脱落粮食及草根等，节约饲料；另一方面可以增强鸡的体质，使上市鸡的外观更适合消费者的心意。但育肥的鸡放养的范围不宜过大，目的是减少鸡的运动，利于育肥。

三、育肥鸡的饲养管理

1. 分群饲养

在大群饲养过程中，所有的鸡不可能长得一样，每批鸡必然会出现一些个体较小、体质较差的。为了确保育肥的效率，必须做好大小强弱的分群工作，一般以 300～500 只一群为宜。

2. 调整密度

育肥鸡群舍饲密度不能太大，否则容易造成鸡与鸡之间不时相互挤压，采食也不均匀，常常引起啄羽，使生产力降低。采用地面厚垫料平养方式时饲养密度为每平方米 10～14 只，采用网上平养方式时饲养密度为每平方米 14～16 只。放养鸡每个小区面积以 1000 平方米为宜，每 1000 只鸡需 50～60 平方米鸡舍面积。

3. 合理光照

无论是圈养还是放养，舍内必须配备照明设备，通宵开灯补饲，保证群体采食均匀，饮水正常，以利消化吸收和发育整齐。

4. 驱虫与防疫

育肥期的前 2～3 天，应驱虫一次，以驱除体内寄生虫，得到更好的育肥效果。

5. 合理的饲喂方式

在贵妃鸡的肥育期，要采用颗粒料。投喂方式采用定时投喂，任鸡自由采食，投喂的饲料量应掌握在鸡群每次食饱后仍略有剩余为原则，保证每只鸡都能食饱。为了达到催肥目的，应添加些油脂类的能量饲料，降低粗纤维及康复类饲料的含量。

贵妇鸡喜食绿色植物，若采用放养方式，园内最好套种些菜、草，供鸡自由觅食以补充饲料中缺少的维生素、微量元素及矿物质，增强鸡的食欲。可在饲养园内养殖蚯蚓、黄粉虫、蝇蛆等动物性饲料供贵妇鸡食用，以丰富贵妇鸡的食物结构，可促进贵妇鸡的快速生长，提高养殖效益。

在育肥中后期，配合饲料中不要添加人工合成色素、化学合成的非营养添加剂及药物等，应加入适量的橘皮粉、松针粉、大蒜、生姜、茴香、八角、桂皮等自然物质以改善肉质和增加鲜味。

6. 做好清洁和消毒工作

育肥期间，舍内、外环境、饲槽、工具要经常清洁和消毒，以防引入病原，这是直接影响到育肥鸡成活率的重要因素，千万不能疏忽大意。

7. 注意经常观察和检查鸡群

育肥期应该注意经常地观察和检查鸡群。看鸡群的食欲、食量情况，关注鸡群的健康。发现病鸡要隔离。

8. 适时上市

商品贵妃鸡饲圈养至 90～120 日龄、公母体重分别在 1000～1200 克和 800～900 克，即可出售上市（放养的贵妃鸡要求在脱温后在放养场放养 4 个月后才能上市）。出栏前 8～12 小时，停止喂料，把料槽撤到舍外，但饮水不能停。抓鸡时最好在较暗的环境下进行，把鸡隔离成小群，抓鸡的双腿，动作不能粗暴，以防出现伤残，轻轻放入专用运输笼中。

在育肥鸡上市的时候，还必须考虑运输工作，有些鸡场往往由于运输环节抓得不好而发生鸡体损伤或中途死亡，造成不必要的损失。在运输时要做到及时安全，夏季应当晚上运输。装运时，鸡装笼不要太挤，笼底加铺垫底，车速不能太快，鸡笼不能震动太大，到目的地就要及时卸下，千万防止长时间日晒雨淋。

9. 售后卫生消毒

为有效地杀灭病原微生物，育肥鸡采用“全进全出”制。每批鸡出售后，鸡舍用2%烧碱溶液进行地面消毒，并用塑料布密封鸡舍用甲醛和高锰酸钾等进行熏蒸消毒，以备下批饲养。

第四节 种鸡的饲养管理

种鸡的价值在于其生产性能的高低，种鸡的生产性能主要包括母鸡产蛋量和产蛋质量、种蛋受精率、种蛋孵化率及雏鸡强健情况等。正确的饲养管理能使种鸡充分发挥其遗传潜力，获得最佳的生产性能，其重要性不可忽视。

一、种鸡的生理特点

1. 后备种鸡的生理特点

后备种鸡是指60日龄后选出的种鸡。后备种鸡各部分的生理功能不协调，生殖器官虽发育成熟，但不完全。后备期种鸡羽毛已经丰满，抗寒抗雨能力均较强，对外界环境已有较强的适应、抵抗能力。因此，后备期的种鸡应逐渐减少补饲日粮的饲喂量和补饲次数，并保持较低的补饲日粮的蛋白质水平，有利于骨骼、羽毛和生殖器官的充分发育。

2. 成年贵妃鸡的生长发育特点

成年贵妃鸡是指150日龄以上的鸡，成年贵妃鸡已经基本完成了躯体和器官的生长发育，主要任务是繁殖后代。这时体重的增长除在产蛋前期有一定的趋势外，饲料营养物质主要是用于产蛋。从开始产蛋起，产蛋母鸡在产蛋期的体重、蛋重和产蛋量方面都有一定规律的变化。以这些变化为基础，可将母鸡的第一个生物学产蛋年(即从开产到产蛋满1年为止)划分为三个阶段，各个阶段都有它的特点。

第一个阶段是从开产至产蛋量达到高峰期，大约是从开产至42周龄。在这时期不但产蛋量迅速上升，蛋重也逐渐增加。而且，母鸡体重也有所增加。

第二阶段是从产蛋高峰期到62周龄，这时母鸡的产蛋量已开始下降，但蛋重则有所增加，机体成熟后易于沉积脂肪，故母鸡的体重也有所增加。

第三阶段是62周龄以后，直到母鸡换羽停产，这时期的产蛋率明显下降，但蛋重达最大。此时由于母鸡利用钙质的机能下降，蛋壳的质量有所降低。

二、种鸡的饲养方式

种鸡饲养方式一般采用舍内地面平养或网上平养，舍外设运动场的方式，舍内设有产蛋箱，舍内和运动场都设有栖架。运动场地面最好为沙土地面或在运动场设置沙池。运动场上搭好遮雨篷，以防料槽和育成鸡受雨淋。料槽和饮水器在舍外圈养区的遮雨篷下均匀分布。

三、种鸡的饲养管理

(一)后备种鸡的饲养管理

后备种鸡迅速生长发育并达到性成熟和体成熟，是决定成年鸡生产性能最重要的时期。这一时期最重要的工作是控制光照，饲养管理方法要科学化，这跟育肥鸡有很大的不同。如果饲养管理不当，可导致成年种鸡生产性能低下，经济价值低，甚至失去种用价值。

1. 密度

不同的饲养方式，饲养密度的大小不同。饲养密度过大，则舍内空气容易混浊，垫草容易潮湿，鸡群活动范围小，鸡只采食不均匀，不利于鸡只健康；密度过小，则建筑面积利用率低，增加成本。而适宜的饲养密度是在不影响种鸡的生产性能及健康的基础上充分利用建筑面积。一般要求，贵妃鸡种鸡的饲养密度在开产前每平方米 5～6 只鸡。鸡群的数量每栏不多于 250～300 只。

2. 驱虫

转入种鸡舍的后备鸡头 2 天，就要进行第 1 次驱虫，相隔15～20 天再进行第 2 次驱虫。驱虫主要是指驱除体内寄生虫，如蛔虫、绦虫等。可使用虫清、左旋咪唑或丙硫苯咪唑。第 1 次驱虫每 1000 鸡用虫清 100 克。第 2 次驱虫中鸡用虫清加倍。可在晚上直接拌料，先用少量饲料拌匀，然后再与全部饲料拌匀进行喂饲。一定要仔细将药物与饲料拌得均匀，否则容易产生药物中毒。第 2 天早晨要检查鸡粪，看看是否有虫体排出，然后要把鸡粪清除干净，以防鸡只啄食虫体。如发现鸡粪里有成虫，次日晚餐可以同等药量驱虫 1 次，以求彻底将虫驱除。

3. 光照控制

光照对于控制适宜的开产时间至关重要。17 周龄前每天光照 8 小时，18 周龄每天光照 9 小时，19 周龄每天光照增加到 10 小时，从 20 周龄开始每周增加光照 0.5 小时，一直到 28～30 周龄，每天光照达到 14～16 小时为止，并固定不变。补充光照可采取早、晚用灯光照明，光照强度以 1～1.5 瓦/平方米为宜，一般每 15 平方米面积可用 25 瓦灯泡 1 个，灯泡高度距鸡体 2 米为宜，灯与灯距离 3 米。

4. 做好消毒工作

做好种鸡舍内外的卫生清洁工作，每天清扫鸡舍 2 次，降低病原菌的含量。一般冬春季节每周带鸡消毒 2 次，夏秋隔天一次。

5. 保持鸡舍的环境清静

给鸡群创造一个良好的环境，在鸡舍工作时，严禁大声喧哗。

6. 免疫接种

切实做好种鸡的防疫工作，及时进行相应日龄的免疫接种。

7. 及时淘汰不适于留种的鸡只

后备期的贵妃鸡，无需进行限制饲养(因为贵妇鸡不易沉积腹脂)。但是育成期或性成熟前(产蛋前)都应淘汰不适于留种的鸡只。这时的选择主要根据母鸡生理特征及外貌进行。性成熟的母鸡冠和肉垂颜色鲜红、羽毛丰满、身体健康、结构匀称、体重适中、不肥不瘦。淘汰那些发育不全、生理缺陷、干瘦、两耻骨间距特别小、腹部粗糙无弹性的个体。对于公鸡的第二性征发育不全如面色苍白、精神不佳者也应淘汰。

8. 注意天气和外界环境对育成鸡的影响

育成鸡虽然抵抗力比雏鸡强，但由于育成鸡舍缺乏雏鸡舍的保暖设备，再加上限制饲养对鸡体质的影响，育成种鸡对外界恶劣条件的抵抗力较差。故要做好防寒、降温、防湿工作。特别是在天气突然变化，如大风雨的袭击、气温骤降，都很容易因育成鸡受凉而患呼吸道疾病、消化道疾病或其他疾病。所以饲养人员要时刻注意当地气象部门的天气预报，在上述恶劣天气情况来临前，做好抗灾工作，如关好门窗，拉好帐篷，防止贼风，同时在饲料上投放一些预防常见疾病的药物，保证鸡只安全度过灾害。这些工作是细致的管理工作，又是易被人们所忽略的，因此，必须有责任心的人才能胜任。

(二)种鸡的饲养管理

贵妇鸡 150 天左右性成熟，但个体性成熟差异较大，个体开产时间很不整齐，最早的 5 月龄开产，最迟的到 7 月龄。下面就开产前、产蛋期及休产期三个阶段的饲养管理进行介绍。

1. 开产前的饲养管理

(1)选种：种鸡临产前半个月进行第二次选种，公鸡体重 1.5 千克、母鸡 1.25 千克时，公母比按 1∶(3～4)选留。

(2)转换饲料：鸡群入栏后在 1 周内还应按育成后备鸡的饲养管理方式饲喂，待鸡群稳定后开始慢慢把饲料转换成产蛋期饲料，除饲料变化外，饲喂方式还是按照后备种鸡的方式进行。

(3)保持环境稳定：种鸡的适宜温度应在 18～26℃，夏季舍内可用水喷雾降温，运动场可用遮阳网等遮荫。

处于临产状态的贵妃鸡，表现高度神经质，极易惊群而增加早产的软蛋、破蛋、窝外蛋。严重时，还会致使产蛋率下降。因此，尽量避免惊扰此阶段的鸡群，一切必须的程序，如疫苗接种、选择淘汰、清点鸡数、转群等应尽可能在此之前完成。

(4)密度：开产前种鸡密度要调整为每平方米 5～6 只，每群以

100～150 只为宜。

(5)开产前逐渐增加光照:光照管理是提高禽类产蛋性能必不可少的重要管理技术之一,种鸡光照的目的在于刺激和维持产蛋平稳;另一个作用是调节青年鸡性成熟,使母鸡开产整齐,以达到将来高产稳定。光照对种鸡是相当敏感的,采用正确的光照,产蛋能收到良好的效果,使用不当可出现过早开产,蛋重小等副作用。

开产前 2～3 周,采用自然光照,不补充人工光照。2～3 周后逐渐增加光照时间,一般每周增加 20～30 分钟,至每天光照时间达 16～17 小时为止。在每天关灯时最好在 1～20 分钟内逐渐部分关灯或慢慢减弱亮度给鸡一个信号,以使鸡找到适合的栖息位置,有条件者可使用光控仪。

(6)设产蛋箱:在开产前 2～3 周左右,将产蛋箱放置在鸡舍内,为吸引雌贵妃鸡在箱内产蛋,产蛋箱应放置在光线较暗、通风良好、比较安静的地方,垫料要松软,并在箱中放入假蛋进行调教。产蛋箱规格为 30 厘米×25 厘米×30 厘米。6 只雌鸡配 1 个产蛋箱。由于贵妇鸡喜欢在沙子中产蛋,也可在屋角暗处做 1 个产蛋沙池,但必须保持沙子清洁卫生。

贵妃鸡没有就巢性。通常母鸡第一个蛋下在什么地方,以后就固定在这个地方。因此,产蛋箱一定要在开产之前设置好。

(7)做好相应日龄的免疫:按照日龄免疫程序准备好鸡新城度、减蛋综合征、禽流感等疫苗的免疫接种工作。

(8)按比例配置公鸡:在 170 日龄按公母比例 1∶(8～10)把经过挑选的健康公贵妃鸡放入到母鸡群中。放入时间应在熄灯前进行,以避免惊群。目前许多养殖户利用戴眼镜(指用佩戴在鸡的头部遮挡鸡眼正常平视光线的特殊材料,图 5-1)的方法使其看不见打架的对象防止公贵妃鸡的争斗。戴上眼镜的公鸡,不能再欺负其他公鸡,只能从侧面,下面看东西,活动采食都没问题,效果较好。

图 5-1　鸡眼镜

2. 产蛋初期的饲养管理

在规模饲养下，配合饲料和人工光照的应用，贵妃鸡一般在150 日龄即可开产，到 180 日龄时，产蛋率可达到 50%。将 150～180 日龄的这一时期称为始产期。始产期内产蛋规律不强，蛋体较小，受精率和孵化率均偏低，一般不适合进行孵化。这一阶段要随时注意产蛋率的变化，加强饲养管理及日常工作，搞好环境卫生。

(1)保持饲料的营养物质含量相对稳定：保持前期日粮中的蛋白质和能量水平，保持日粮的投喂量相对稳定。一般情况下，不要轻易改变饲料种类。

(2)保持鸡群状况的相对稳定，尽量减少各种应激因素的刺激：贵妃鸡在开始产头两个蛋的时候，精神亢奋，上窜下跳，高度神经质，这期间应尽量避免惊扰鸡群。为此，尽可能做到以下几点：

①日常饲养管理工作有规律性。随意改变饲养员，甚至饲养员衣服的颜色，改变饲喂时间、卫生工作等都是不利的。

②种鸡如需要投药，尽可能采用拌料或饮水方式，一定要采用注射方式时也应尽量选择在夜间进行。

③种鸡开产后，不能搬迁鸡群。

④保持鸡舍的安静。尖叫声的噪音、物体的晃动、老鼠等动物在鸡舍的活动等都会造成鸡群恐慌、造成产蛋下降和不合格蛋增多。

(3)光照管理:每天光照时间固定16～17小时。

(4)保健计划:根据相应日龄做好基础免疫工作。此阶段鸡群由于接种疫苗和生理变化的双重应激,料量增加快,容易引起生理性和病理性下痢,营养摄取不足,产蛋高峰上不去,产蛋持续性差。此阶段保健应以减少应激、防治下痢为主。

(5)降低蛋的破损率:种蛋破损的原因主要有两个,一是由于饲料中钙磷含量不足或比例失调引起的,可以通过调整饲料配方改正;二是由于人为造成的,如拾蛋次数少,多个蛋在蛋箱被母鸡压破,或拾蛋时动作过重而碰破等。

减少人为造成的破蛋率,要勤捡蛋,一般视产蛋率的高低每天要拾4～5次。拾蛋时动作要轻,验蛋时的敲击要小心轻度。

3. 产蛋高峰期的饲养管理

从180日龄开始,产蛋率稳步上升,在200日龄时,产蛋率可达到85%左右,维持80%以上产蛋率2～3个月后,产蛋率缓慢下降,因此生产上把这一阶段称为产蛋高峰期。产蛋高峰期内种蛋大小适中,受精率和孵化率较高,雏鸡容易成活。

(1)鸡群的日常观察:只有及时掌握鸡群的健康及产蛋情况,才能及时准确地发现问题,并采取改进措施,保证鸡群健康和高产。

①观察鸡群精神状态、粪便、羽毛、冠髯、脚爪和呼吸等方面有无异常。若发现异常情况应及时处理,有病鸡应及时隔离或淘汰。观察鸡群可在早晚开关灯、饮喂、捡蛋时进行。夜间闭灯后倾听鸡只有无呼吸异常声音,如呼噜、咳嗽、喷嚏等。

②喂料给水时,要注意观察饲槽、水槽的结构和数量是否适应

鸡的采食和饮水需要。注意每天是否有剩料余水、单个鸡的少食、频食或食欲废绝和恃强凌弱而弱食者吃不上等现象发生，以及饲料是否存在质量问题。

③观察舍温的变化，通风、供水、供料和光照系统等有无异常，发现问题及时解决。

(2)补钙：产蛋期自始至终饲料中50%的钙要以大颗粒(3～5毫米)的形式供给。一方面可延长钙在消化道的停留时间，提高利用率；另一方面也可起到根据鸡的需要，调节钙摄入量的目的。

(3)减少应激：进入产蛋期的贵妃鸡，一旦受到外界的不良刺激(如异常的响动、饲料的突然改变、断水断料、停电、疫苗接种)，就会出现惊群，发生应激反应。后果是由于采食量下降，使产蛋率、受精率和孵化率都同时下降。在日常管理中，要坚持固定的工作程序，各种操作动作要轻，产蛋高峰期要尽量减少进出鸡舍的次数。开产前要做好疫苗接种和驱虫工作。高峰期不能进行这些工作。

(4)合理饲喂：产蛋期种母鸡的产蛋量保持在相对较高的水平，日粮主要是满足使种母鸡的产蛋高峰持续较长时间，下降缓慢一些。由于产蛋量基本保持稳定，日粮的喂量也保持稳定，如考虑产蛋量的变化和种鸡所产的蛋重有随周龄增长而增加的趋势，可作进一步、更准确的调整日粮喂量，但一般变化不应很大。

(5)光照控制：每天光照时间仍固定16～17小时，保持到产蛋结束。自然光照不足时，要用人工光照加以补充。人工光照的光源一般用普通白炽灯，鸡舍光照强度增至40勒克斯为止，直到产蛋结束。切记在产蛋期间光照时间不能缩短，光照强度不能减弱。

(6)提高种蛋的受精率：目前生产中，提高种蛋的受精率，主要采用如下技术手段：

①培育和挑选优秀的种公鸡。

②自然交配时，公母鸡的比例要适当。

③自然交配时，公母鸡的体型体重要匹配，如公鸡体型过大，母鸡体型很小，会导致交配的困难，反之亦相同。

④经常检查公鸡，发现体况和活力不强的公鸡，立即挑出，补充新的公鸡。

⑤鸡舍的温度应保持在 8～28℃范围，过高气温会使受精率下降，低温时鸡群的交配活动减少，同样使受精率下降。

⑥种蛋应减少鸡粪等污染，保持蛋壳清洁，种蛋受污染或抹洗后都会使受精率下降。

⑦要勤捡种蛋，特别是高气温条件下产出的种蛋，应尽快收集好，数小时内交蛋库收存。

(7)选留种蛋：产蛋高峰期是收集种蛋时期，检出的种蛋，经初步挑选后送入种蛋库进行消毒保存。收集种蛋时避开产蛋高峰时间 10：00～14：00 时，每天应收集 6～7 次种蛋。如果发现种蛋受精率不高，可能是公鸡性机能有问题或是饲料质量不好，要注意观察，及时采取措施。

①种蛋来源：种蛋必须来自健康而高产的种鸡群，种鸡群中公母配种比例要恰当。

②蛋的重量：种蛋大小应符合品种标准。应该注意，一批蛋的大小要一致，这样出雏时间整齐，不能大的大、小的小。蛋体过小，孵出的雏鸡也小；蛋体过大，孵化率比较低。

③种蛋形状：种蛋的形状要正常，看上去蛋的大端与小端明显，长度适中。长形蛋气室小，常在孵化后期发生空气不足而窒息，或在孵化 18 天时，胚胎不容易转身而死亡；圆形蛋气室大，水分蒸发快，胚胎后期常因缺水而死亡。因此，过长或过圆的蛋都不应该选做种蛋。

④蛋壳的颜色与质地：蛋壳的颜色应符合品种要求，蛋壳颜色有粉色、浅褐色或褐色等。砂壳、砂顶蛋的蛋壳薄，易碎，蛋内水分蒸发快；钢皮蛋蛋壳厚，蛋壳表面气孔小而少，水分不容易蒸发。

因此，这几种蛋都不能做种用。区别蛋壳厚薄的方法是用手指轻轻弹打，蛋壳声音沉静的，是好蛋；声音脆锐如同瓦罐音的，则为壳厚硬的钢皮蛋。

⑤蛋壳表面的清洁度：蛋壳表面应该干净，不能被粪便和泥土污染。如果蛋壳表面很脏，粪泥污染很多，则不能当种蛋用；若脏得不多，通过揩擦、消毒还能使用。如果发现脏蛋很多，说明产蛋箱很脏，应该及早更换垫草，保持产蛋箱清洁。

⑥保存时间：一般保存5～7天内的新鲜种蛋孵化率最高，如果外界气温不高，可保存到10天左右。随着种蛋保存时间的延长，孵化率会逐渐下降。经过照蛋器验蛋，发现气室范围很大的种蛋，都是属于存放时间过长的陈蛋，不能用于孵化。

(8)做好记录工作：因为生产记录反应了鸡群的实际生产动态和日常活动的各种情况，通过它可及时了解生产、指导生产，也是考核经营管理的重要根据。生产记录的项目包括死淘数、产蛋量、破蛋数、蛋重、耗料量、饮水量、温度、湿度、防疫、称重、更换饲料、停电、发病等，一定要坚持天天记录。

4. 休产期的饲养管理

进入休产期的贵妃鸡的繁殖活动基本停止，并开始正常换羽。换羽期的贵妃鸡体质较弱，为促使新羽快速长成，饲料中的蛋白质、维生素、矿物质及微量元素的比例要适当增加，同时注意补充青绿饲料及羽毛粉、蛋氨酸等，为贵妃鸡的安全越冬做好准备。

到了产蛋后期，鸡舍的有害微生物数量大大增加。因此，更要做好粪便清理和日常消毒工作。

5. 种母鸡群的淘汰

种贵妃鸡的利用年限最好是3～5年，年限长了，种蛋的受精率逐年降低，因此应注意及时淘汰种贵妃鸡。淘汰的种贵妃鸡进行育肥处理。

育肥期间养殖密度可以适当增大，并限制贵妃鸡的个体活动，雄、雌要分群饲养，防止追逐交配而消耗体力。饲料以能量饲料为主，如玉米、碎米等，适当减少一些青绿饲料。饲喂在4～6次之间，保证充足的饮水供应。

淘汰的成年贵妃鸡，经过长期的饲养，单纯追求生产的性能，肉质变韧，特别是贵妃鸡肉特有的香味有所减退，因此，可采取以下几方面进行对肉质的改进。

①育肥时间：淘汰的种贵妃鸡育肥时间一般在2～3周之间。

②添加香味剂：在育肥期的饲料中，应加入适量的大蒜粉、橘皮粉、松针粉、大蒜、生姜、茴香、八角、桂皮等自然物质以改善肉质和增加鲜味。

③添加腐殖叶：在育肥期的饲料中，加入3%的腐殖叶，也同样可以提高贵妃鸡肉的风味。腐殖叶应是收集无害的腐败落叶，经烘干磨粉后饲喂。

④减少鱼粉用量：鱼粉作为动物性蛋白质饲料对贵妃鸡生长极为有利，但鱼粉特有腥味会影响到贵妃鸡肉的正常风味。因此可以用"饲料酵母＋豆饼＋复合氨基酸"的办法来代替鱼粉，可有效地提高肉贵妃鸡的肉质风味。同时还可以在饲料中增加适量的甜菜碱等方法来增加贵妃鸡肉的适口性。

第五节　贵妃鸡的季节管理

1. 春季

气候较暖，日照时间加长，贵妃鸡的新陈代谢旺盛，是产蛋、孵化、育雏的最好季节。应调整好鸡群，使公母比例适宜，注意日粮中各种营养物质的供应，适当补喂青绿饲料，保证蛋的品质，备足产蛋箱，尽量减少脏蛋、破损蛋和窝外蛋。

春季病毒微生物易繁殖，应每周带鸡消毒1次，早春注意鸡舍的保温，晚春注意通风换气。

2. 夏季

夏季应注意防暑降温。饲喂可安排在早、晚凉爽的时间，中午可多喂一些青绿饲料，供给清洁的饮水。运动场可种树、架设荫棚或种植一些藤叶植物遮荫。炎热高温天气或中午，可用高压喷枪或小型喷雾器喷水降温；雨后要及时排除运动场的积水，产蛋箱的垫草应勤换。常清除粪便，防止湿度增加。

夏季高温炎热，为保证种鸡的产蛋量，可提高日粮营养物质的含量，尤其是蛋白质可提高2%～3%，还可在日粮中添加1%～2%的油脂。即可代替碳水化合物补充能量，又可降低鸡热产生和热增耗，以维持产蛋率和蛋重。适当增加青绿多汁饲料的喂量，能刺激鸡的食欲，有助于防暑和生长。特别是炎热天气，要在饲料中添加100毫克的维生素C或在饮水中加入0.01%的维生素C，提高产蛋率，又能增强鸡体对病毒性疾病的抵抗力。若遇阴雨天，应在饲料中加土霉素或磺胺类药物，防止球虫病的发生。

3. 秋季

秋季日照减短，昼夜温差大。种鸡开始停产换羽。一般换羽早，换羽持续时间长的鸡多为低产鸡；换羽晚，持续时间短的鸡多为高产鸡，应根据换羽情况进行选择淘汰，对剩余鸡群应加强饲养，适当提高日粮中的蛋氨酸和胱氨酸，以利于缩短换羽期，为下一个产蛋期打基础。秋季应结合选择淘汰进行驱虫和疫苗接种，并做好入舍前的防寒保暖等准备工作。

4. 冬季

冬季气温低，日照减短，贵妃鸡的热量消耗大，采食量增加，应适当增添高能量饲料，补充维生素。最好采用干粉料饲喂，晚上喂饲时间稍晚些且要喂饱。必要时晚上可添加一些粒料。冬季为使贵妃鸡能正常产蛋，应补充光照。鸡舍内外温差较大，应早关、晚放。有条件的鸡场可供给温水，贵妃鸡不能饮 0℃左右的冰水。运动场上可撒些谷物，或将一些青绿饲料挂在运动场的围网上，鸡啄食时，可增加运动量，增强体质。

第六章　常见疾病的治疗与预防

贵妃鸡虽然抗病力很强，一般较少发生传染病，偶有家鸡传染病侵染，如果饲养条件差、喂养不当就有可能引发疫病的流行，特别要注意防治各种寄生虫病。因此必须立足于卫生防疫，树立“防重于治”的观念。

第一节　疾病的综合预防

综合性预防措施是控制鸡病的关键措施，其主要内容包括场址的选择、鸡舍的设计、建筑及合理的布局；引进健康无病的雏鸡、种鸡，科学的饲养管理，严格的卫生消毒制度，合理的免疫接种和预防用药程序等。只有坚持综合性防疫措施，才能使鸡群少发病或不发病，保证养鸡获得好的经济效益。

一、选择无病原的优良种鸡

养殖户或饲养场应从种源可靠的无病鸡场引进种蛋、幼雏或种鸡。因为有些传染病感染是通过受精蛋或病原体污染的蛋壳传染给新孵出的后代，这些孵出的带菌雏或弱雏在不良环境污染等应激因素影响下，很容易发病或死亡。因此选择无病原的种蛋或幼雏是提高幼雏成活率的重要因素。从外地或外场引进青年鸡作为种用时,必须先要了解当地的疫情,在确认无传染病和寄生虫病流行的健康鸡群引种,千万不能将发病场或发病群,或是刚刚病愈的鸡群引入。引进后的鸡先经隔离饲养,不能立即混入健康鸡群,隔离 20 天后,无任何异常方可入群。防止病原体带入鸡场或鸡群。有条件的饲养场或养殖户最好坚持自繁自养。

二、强化卫生防疫

养殖者要注意鸡病防疫的着眼点应该是整体,而不是个体。

(一)鸡舍的防疫

1. 可引发鸡病的病源微生物

传染病是由人们肉眼看不见而具有致病性的微小病源微生物引起的,包括病毒、细菌、霉形体、真菌及衣原体等。

(1)病毒:病毒是很小的微生物,一般圆形病毒的直径为几十至一百纳米,必须用电子显微镜才能观察到。

(2)细菌:细菌是单细胞微生物,可分为球菌、杆菌和螺旋状菌三种类型,有些球菌和杆菌在分裂后排列成一定形态,分别称为双球菌、链球菌、葡萄球菌、链状杆菌等。鸡的细菌性传染病可以用药物预防和治疗。

(3)霉形体:霉形体也称支原体,大小介于细菌、病毒之间,结构比细菌简单。多种抗生素如土霉素、金霉素对霉形体有效,但青霉素对霉形体无效。

(4)真菌:真菌包括担子菌、酵母菌,一般担子菌、酵母菌对动物无致病性。霉菌种类繁多,对鸡有致病性的主要是某些黄霉菌,如烟曲霉菌使饲料、垫料发霉,引起鸡的曲霉菌病,黄曲霉菌常使花生饼变质,喂鸡后引起中毒。霉菌在温暖(22～28℃)、潮湿和偏酸性(pH 4～6)的环境中繁殖很快,并可产生大量的孢子浮游在空气中,易被鸡吸入肺部。一般消毒药对霉菌无效或效力甚微。

(5)衣原体:衣原体是一种介于病毒和细菌之间的微生物,生长繁殖的一定阶段寄生在细胞内,对抗生素敏感。

2. 鸡病的传播媒介

(1)卵源传播:由蛋传播的疾病有鸡白痢、禽伤寒、禽大肠杆菌病、鸡毒支原体病、禽白血病、病毒性肝炎、减蛋综合征等。

(2)孵化室传播:主要发生在雏鸡开始啄壳至出壳期间。这时雏鸡开始呼吸,接触周围环境,就会加速附着在蛋壳碎屑和绒毛中的病原体的传播。通过这一途径传播的疾病有禽曲霉菌病、沙门菌病等。

(3)空气传播:经空气传播的疾病有鸡败血支原体病、鸡传染性支气管炎、鸡传染性喉气管炎、鸡新城疫、禽流感、禽霍乱、鸡传染性鼻炎、鸡马立克病、禽大肠杆菌病等。

(4)饲料、饮水和设备、用具的传播:病鸡的分泌物、排泄物可直接进入饲料和饮水中,也可通过被污染的加工、储存和运输工具、设备、场所及人员而间接进入饲料和饮水中,鸡摄入被污染的饲料和饮水而导致疾病传播。饲料箱、蛋箱、装禽箱、运输车等设备也往往由于消毒不严而成为传播疾病的重要媒介。

(5)垫料、粪便和羽毛的传播:病鸡粪便中含有大量病原体,病鸡使用过的垫料常被含有病原体的粪便、分泌物和排泄物污染,如不及时清除和更换这些垫料并严格消毒鸡舍,极易导致疾病传播。鸡马立克病病毒存在于病鸡羽毛中,如果对这种羽毛处理不当,可以成为该病的重要传播因素。

(6)混群传播:某些病原体往往不使成年鸡发病,但它们仍然是带菌、带毒和带虫者,具有很强的传染性。如果将后备鸡群或新购入的鸡群与成年鸡群混合饲养,会造成许多传染病暴发流行。

由健康带菌、带毒和带虫的家禽而传播的疾病有鸡白痢沙门菌病、鸡毒支原体病、禽霍乱、鸡传染性鼻炎、禽结核、鸡传染性支气管炎、鸡传染性喉气管炎、鸡马立克病、球虫病、组织滴虫病等。

(7)其他动物和人的传播：自然界中的一些动物和昆虫如狗、猫、鼠、各种飞禽、蚊、蝇、蚂蚁、蜻蜓、甲壳虫、蚯蚓等都是鸡传染病的活体媒介。人常常在鸡病的传播中起着很大的作用，当经常接触鸡群的人所穿的衣服、鞋袜以及他们的体表和手被病原体污染后，如不彻底消毒，就会把病原体带到健康鸡舍而引起发病。

(二)鸡群防疫

1. 环境卫生

(1)每天清除舍内粪便以及清扫补饲场地，保持鸡舍和补饲场地清洁干燥。

(2)对鸡粪、污物、病死鸡等进行无害化处理。

(3)定期用2%～3%烧碱或20%石灰乳对鸡舍及补饲场地进行彻底消毒(也可撒石灰粉)。

(4)用药灭蚊、灭蝇、灭鼠等。

2. 疾病控制

(1)按正常免疫程序接种疫苗。

(2)注意防治球虫病及消化道寄生虫病。经常检查，一旦发现，及时驱除。也可在饲料或饮水中添加抗球虫药物如氯苯胍、抗球王等，预防和减少球虫病发生。

(3)严禁闲杂人员往来。

3. 加强饲养管理，增强鸡群抵抗力

养防结合是控制疾病的基础。根据不同鸡种、不同日龄的要求，供给按科学配方的营养全价饲料，创造适合家禽生长、发育、生

产的环境，制订并执行一套生产管理技术，以能充分发挥该品种的最好的生产性能。

4. 采取全进全出的饲养方式

因为不同日龄的鸡的饲养、管理、饲料、温度、湿度、光照和免疫接种等都不相同，而且日龄较大的患病鸡或已病愈但仍带毒的鸡随时可将病原体传播给日龄小的鸡，引起疾病的爆发。因此，不同日龄的鸡应分栋或分场进行饲养，每批鸡全出后，鸡舍及饲养管理用具，须经清扫冲洗、消毒、并空闲一周以上，这对减少疾病的发生大有好处。实践证明，全进全出的饲养方法是预防疫病、降低成本、提高成活率和经济效益的最有效措施之一。

5. 预防性投药

药物预防是鸡场防疫的重要辅助手段，科学合理地预防投药，能避免饲养成本上升、病原抗药性增强、鸡群药物依赖及肉蛋产品药物残留等问题，从而提高养殖效益，常见疾病的预防药物见表6-1。

表 6-1　常见疾病防治药物

疾病	参考药物
鸡白痢	恩诺沙星、土霉素、环丙沙星、黄连素等
球虫病	磺速治、球必清、百球清、青霉素、球痢灵等
传染性法氏囊病	高免卵黄抗体、肾肿解毒药等
大肠杆菌病	泰乐菌素、强力霉素二者混合饮水使用，或者环丙沙星、黄连素、氟哌酸、土霉素、恩诺沙星、先锋、庆大霉素、氨苄青霉素等
传染性鼻炎	链霉素、泰农、庆大霉素、红霉素、利高霉素、支原净等
慢性呼吸道病	支原净、泰乐菌素、速百治、恩诺沙星、先锋霉素等

续表

疾病	参考药物
传染性支气管炎	病毒灵、喉毒灵、肾肿解毒药等
传染性喉气管炎	禽感康、病毒灵、通喉散、喉毒灵等

三、确保有效的消毒体系

要想饲养贵妃鸡的成活率高，就必须做好日常卫生防疫工作，而消毒是日常卫生防疫工作中最重要的一环。虽然一些鸡场开展了消毒工作，但仍然是疫病反复不断，究其原因，常常和消毒药物使用不当有很大关系。使用消毒药，要注意其本身的性状、作用对象、使用方法、使用浓度、作用时间和特点、配伍禁忌、适用范围及副作用等。

1. 常用的消毒方法

常见的消毒方法有物理消毒法、生物热消毒法、化学消毒法等。

(1)物理消毒法：清扫、洗刷、日晒、通风、干燥及火焰消毒等是简单有效的物理消毒方法，清扫、洗刷等机械性清除则是鸡场使用最普通的一种消毒法。通过对鸡舍的地面和饲养场地的粪便、垫草及饲料残渣等的清除和洗刷，就能使污染环境的大量病原体一同被清除掉，由此而达到减少病原体对鸡群污染的机会。但机械性清除一般不能达到彻底消毒目的，还必须配合其他的消毒方法。太阳是天然的消毒剂，太阳射出的紫外线对病原体具有较强的杀灭作用，一般病毒和非芽孢性病原在阳光的直射下几分钟至几小时可被杀死，如供幼雏所需的垫草、垫料及洗刷的用具等使用前均要放在阳光下暴晒消毒，作为饲料用的谷物也要晒干以防霉变，因为阳光的灼热和蒸发水分引起的干燥也同样具有杀菌作用。

通风亦具有消毒的意义，在通风不良的鸡舍，最易发生呼吸道传染病。通风虽不能杀死病原体，但可以在短期内使鸡舍内空气交换、减少病原体的数量。

(2)生物热消毒法：生物热消毒也是鸡场常采用的一种消毒方法。生物热消毒主要用于处理污染的粪便及其垫草，污染严重的垫草将其运到远离鸡舍的地方堆积，在堆积过程中利用微生物发酵产热，使其温度达 70℃以上，经过一段时间(25～30 天)，就可以杀死病毒、病菌(芽孢除外)、寄生虫卵等病原体而达到消毒的目的，同时可以保持良好的肥效。对于鸡粪便污染比较少，而潮湿度又比较大的地面可用草木灰直接撒上，起到消毒的作用。

(3)化学消毒法：应用化学消毒剂进行消毒是鸡场使用最广泛的一种方法。化学消毒剂的种类很多，如氢氧化钠(钾)、石灰、高锰酸钾、漂白粉、次氯酸钠、乳酸、酒精、碘酊、紫药水、煤酚皂溶液、新洁尔灭、福尔马林、苯酚、过氧乙酸、百毒杀、威力碘等多种化学药品都可以作为化学消毒剂，而消毒的效果如何，则取决于消毒剂的种类、药液的浓度、作用的时间和病原体的抵抗力以及所处的环境和性质。因此在选择时，可根据消毒剂的作用特点，选用对该病原体杀灭力强、又不损害消毒的物体、毒性小、易溶于水、在消毒的环境中比较稳定以及价廉易得和使用方便的化学消毒剂，有计划地对鸡生活的环境和用具等进行消毒。

①火碱：火碱又名氢氧化钠、苛性钠，杀菌作用很强，是一种药效长、价格便宜、使用最广泛的碱类消毒剂。火碱为白色固体，易溶于水和醇，在空气中易潮解，并有强烈的腐蚀性。

火碱常用于病毒性感染(如鸡新城疫等)和细菌性感染(如禽霍乱等)的消毒，还可用于炭疽的消毒，对寄生虫卵也有杀灭作用。用于鸡舍、环境、道路、器具和运输车辆消毒时，浓度一般在 1.5％～2％。注意高浓度碱液可灼伤人体组织，对金属制品、塑料制品、漆面有损坏和腐蚀作用。

②生石灰:生石灰为白色或灰色块状物,主要成分是氧化钙(CaO)。它易吸收空气中的二氧化碳和水,逐渐形成碳酸钙而失效。加水后放出大量的热,变成氢氧化钙,以氢氧根离子起杀菌作用,钙离子也能与细菌原生质起作用而形成蛋白钙,使蛋白质变性。

生石灰对一般细菌有效,对芽孢及结核杆菌无效。常用于墙壁、地面、粪池及污水沟等的消毒。使用时,可加水配制成10%~20%的石灰乳剂,喷洒房舍墙壁、地面进行消毒;用生石灰粉对鸡舍地面撒布消毒,其消毒作用可持续6小时左右。

③高锰酸钾:高锰酸钾是一种使用广泛的强氧化剂,有较强的去污和杀菌能力,能凝固蛋白质和破坏菌体的代谢过程。高锰酸钾为暗紫色结晶,无臭,易溶于水。使用时,0.1%的水溶液用于皮肤、黏膜创面冲洗及饮水消毒;0.2%~0.5%的水溶液用于种蛋浸泡消毒;2%~5%的水溶液用于饲养用具的洗涤消毒。应现配现用。

④漂白粉:漂白粉含氯石灰,是最常用的含氯化合物,为次氯酸钙与氢氧化钙的混合物,呈灰白色粉末,有氯臭味。漂白粉的杀菌作用与环境中的酸碱度有关,酸性环境中杀菌力最强;碱性环境中杀菌力较弱。此外,还与温度和有机物的存在有关,温度升高杀菌力也随着增强;环境中存在有机物时,也会减弱其杀菌力。

鸡场常用它对饮水、污水池、鸡舍、用具、下水道、车辆及排泄物等进行消毒。饮水消毒常用量为每立方米河水或井水中加4~8克漂白粉,拌匀,30分钟后可饮用。1%~3%澄清液可用于饲槽、水槽及其他非金属用具的消毒。污水池常用量为1立方米水中加入8克漂白粉(有效氯为25%)。10%~20%乳剂可用于鸡舍和排泄物的消毒。鸡舍内常用漂白粉作为甲醛熏蒸消毒的催化剂,其用量是甲醛用量的50%。

⑤次氯酸钠：次氯酸钠是一种含氯的消毒剂。含氯消毒剂溶于水中，产生的次氯酸愈多，杀菌力愈强。

常用于水和鸡舍内的各种设备、孵化器具的喷洒消毒。一般常用消毒液可配制为 0.3%～1.5%。如在鸡舍内有鸡的情况下需要消毒时，可带鸡进行喷雾消毒，也可对地面、地网、墙壁、用具刷洗消毒。带鸡消毒的药液浓度配制一般为 0.05%～0.2%，使用时避免与酸性物质混合，以免产生化学反应，影响消毒灭菌效果。

⑥复合酚消毒剂：含有苯酚、杀菌力强的有机酸、穿透力强的焦油酸和有洗洁作用的苯磺酸，是高效低毒的消毒剂，如农福、宝康、消毒灵等，是目前最常用的消毒剂之一。适用于鸡舍、环境、工具等消毒，浓度为 1%。

⑦酒精：即乙醇，为无色透明的液体，易挥发和燃烧。一般微生物接触酒精后即脱水，导致菌体蛋白质凝结而死亡。杀菌力最强的浓度为 75%。酒精对芽孢无作用，常用于注射部位、术部、手、皮肤等涂擦消毒和外科器械的浸泡消毒。

⑧碘酊：即碘酒，为碘与酒精混合配制成的棕色液体，常用的有 3%和 5%两种。碘酒杀菌力很强，能杀死细菌、病毒、霉菌、芽孢等，常用于鸡的细菌感染和外伤，注射部位、器械、术部及手的涂擦消毒，但对鸡皮肤有刺激作用。

⑨紫药水：紫药水对组织无刺激性，毒性很小，市售有 1%～2%的溶液和醇溶液，常用于鸡群的啄伤，除治疗创伤外，还可防止创面再被鸡啄伤。

⑩煤酚皂溶液：即来苏水，是由煤酚、豆油、氢氧化钠、蒸馏水混合制成的褐色黏稠液体，有甲酚的臭味，能溶于水和醇。来苏水主要用于鸡舍、用具与排泄物的消毒。1%～2%溶液用于体表和器械消毒，5%溶液用于鸡舍消毒。

⑪新洁尔灭：即溴苄烷铵，是一种毒性较低、刺激性小的消毒

剂，为无色或淡黄色的胶状液体，芳香，味极苦，易溶于水。

新洁尔灭具有杀菌和去污两种效力，对化脓性病原菌、肠道菌及部分病毒有较好的杀灭能力，对结核杆菌及真菌的杀灭效果不好，对细菌芽孢一般只能起抑制作用。常用于手术前洗手、皮肤消毒、黏膜消毒及器械消毒，还可用于养鸡用具、种蛋的消毒。使用时，0.05%～0.1%水溶液用于手术前洗手；0.1%水溶液用于蛋壳的喷雾消毒和种蛋的浸涤消毒，此时要求液温为 40～43℃，浸涤时间不超过 3 分钟；0.15%～2%水溶液可用于鸡舍内空间的喷雾消毒。

⑫福尔马林：福尔马林为含甲醛 36%的水溶液，又称甲醛水。为无色带有刺激性和挥发性的液体，有强大的广谱杀菌作用，对细菌芽孢及病毒均有效。传染性法氏囊病毒对其他消毒药均有较强的抵抗力，只对福尔马林敏感。生产中多采用福尔马林与高锰酸钾按一定比例混合对密闭鸡舍、仓库、孵化室等进行熏蒸消毒。

⑬苯酚(石炭酸)：常用 2%～5%水溶液消毒污物和鸡舍环境，加入 10%食盐可增强消毒作用。

⑭过氧乙酸(过醋酸)：本品和新洁而灭一样，作用强而快，抗菌谱广，0.3%～0.5%溶液可用于鸡舍、食槽、墙壁、通道和车辆喷雾消毒，0.05%～0.2%可用于带鸡消毒。

⑮百毒杀：为无色澄明胶状液体，无味和刺激性，对细菌和病毒的杀灭力强，适用于鸡舍墙壁地面、饲养用具和饮水消毒。饮水消毒浓度为 0.01%，带鸡消毒常用量为 0.03%。对鸡舍的消毒，最好进行 2～3 次，每次使用的消毒药不同，但要注意使用第二种消毒药之前应将原使用的消毒药用清水冲洗干净，避免两种消毒药相互影响，降低消毒效果。

⑯威力碘：1∶(200～400)倍稀释后用于饮水及饮水工具的消毒；1∶100 倍稀释后用于饲养用具、孵化器及出雏器的消毒；1∶(60～100)倍稀释后用于鸡舍带鸡喷雾消毒。

2. 消毒的先后顺序

鸡场消毒要先净道(运送饲料等的道路)、后污道(清粪车行驶的道路),先后备鸡场区、后种鸡场区,再后育肥鸡场区,各鸡舍内的消毒桶严禁混用。

3. 消毒方法

(1)人员消毒:鸡场尤其是种鸡场或具有适度规模的鸡场,在圈养饲养区出入口处应设紫外线消毒间和消毒池。鸡场的工作人员和饲养人员在进入圈养饲养区前,必须在消毒间更换工作衣、鞋、帽,穿戴整齐后进行紫外线消毒10分钟,再经消毒池进入鸡场饲养区内。育雏舍和育成舍门前出入口也应设消毒槽,门内放置消毒缸(盆)。饲养员在饲喂前,先将洗干净的双手放在盛有消毒液的消毒缸(盆)内浸泡消毒几分钟。

消毒池和消毒槽内的消毒液,常用2%火碱水或20%石灰乳以及其他消毒剂配成的消毒液。浸泡双手的消毒液通常用0.1%新洁尔灭或0.05%百毒杀溶液。鸡场通往各鸡舍的道路也要每天用消毒药剂进行喷洒。各鸡舍应结合具体情况采用定期消毒和临时性消毒。鸡舍的用具必须固定在饲养人员各自管理的鸡舍内,不准相互通用,同时饲养人员也不能相互串舍。

除此以外,鸡场应谢绝参观。外来人员和非生产人员不得随意进入圈养饲养区,场外车辆及用具等也不允许随意进入鸡场,凡进入圈养饲养区内的车辆和人员及其用具等必须进行严格地消毒,以杜绝外来的病原体带入场内。

(2)鸡舍和环境的消毒:由于鸡舍和环境消毒达不到要求致使鸡传染病连绵不断,造成重大损失的现象已屡见不鲜。一些饲养户只重视治疗和疫苗接种而忽视消毒作用的情况更为普遍。实际上,做好鸡舍和环境的消毒,可以极大地减少传染病发生的机会,提高成活率,减少治疗药物的费用,从而提高经济效益,事半功倍。

鸡舍和环境消毒应按下列程序进行：

①清扫：将鸡舍顶部和棚上的尘埃扫落。

②清粪：把舍内外的鸡粪全部清除。

③洒水：将四周、地面等全部洒上水，让剩余鸡粪等吸水膨胀，以便冲洗。

④冲洗：最好用高压水龙从鸡舍顶部往下逐一冲洗，尤其是死角、裂缝的鸡粪、尘埃要彻底冲洗干净，冲洗越干净，消毒效果越好。

⑤首次消毒：可用2%的烧碱喷洒地面、墙壁四周、鸡棚及耐腐蚀的工具等，或者用农福等消毒剂喷洒整幢鸡舍及附属物、工具。作用时间6～12小时。

⑥二次冲洗：用干净水将消毒液和残存的鸡粪、尘埃冲洗干净。

⑦二次消毒：如鸡舍可关闭，可采用福尔马林熏蒸，每立方米空间用福尔马林28毫升、高锰酸钾14克，熏蒸4～8小时。如开放式鸡舍，可喷洒其他消毒药。

⑧空闲：鸡舍消毒后应空闲10天以上，舍内用具可阳光直射，舍外环境可施生石灰粉，将泥地翻晒。

如果在鸡舍曾发生过鸡新城疫、传染性喉气管炎、禽出败、传染性法氏囊病等，应做到三次冲洗，间隔三次采用不同消毒剂消毒。最后一次消毒最好采用福尔马林熏蒸，才能保证消毒效果。

(3)用具消毒：蛋箱、蛋盘、孵化器、运雏箱可先用0.1%新洁尔灭或0.2%～0.5%过氧乙酸消毒，然后在密闭的室内于15～18℃温度下，用甲醛熏蒸消毒5～10小时。鸡笼先用消毒液喷洒，再用水冲洗，待干燥后再喷洒消毒液，最后在密闭室内用甲醛熏蒸消毒。工作人员的手可用0.2%新洁尔灭水清洗消毒，忌与肥皂共用。

(4)饮水消毒：水对贵妃鸡生产具有重要作用，但同时水又是贵妃鸡疫病发生的重要媒介，而且这一点往往被忽视。一些鸡场的疫病反复发生，得不到有效的控制，往往与水源受到病原微生物的不断污染有重大关系，特别是那些通过肠道感染的细菌性疾病，鸡群投服抗菌药物，疫病得到基本的控制，停止使用药物后，疫病又重新发生，虽然不一定是大群体发病，但可能每天都有一些病例出现，高于正常死亡率，出现这种情况时，要十分注意鸡群的饮水卫生条件，有无病原菌的存在和含量多少。

饮水消毒常用以下方法：

①漂白粉：每 1000 毫升开水加 0.3～1.5 克或每立方米水加粉剂 6～10 支，拌匀后 30 分钟即可饮用。

②抗毒威：以 1∶5000 的比例稀释，搅匀后放置 2 小时，让鸡饮用。

③高锰酸钾：配成 0.01%的浓度，随配随饮，每周 2～3 次。

④百毒杀：用 50%的百毒杀以 1∶(1000～2000)的比例稀释，让鸡饮用。

⑤过氧乙酸：每千克水中加入 20%的过氧乙酸 1 毫升，消毒 30 分钟。

注意事项：使用疫(菌)苗前后 3 天禁用消毒水，以免影响免疫效果；高锰酸钾宜现配现饮，久置会失效；消毒药应按规定的浓度配入水中，浓度过高或过低，会影响消毒效果；饮水中只能放一种消毒药。

(5)带鸡消毒：由于现阶段贵妃鸡生产只能是一幢鸡舍的全进全出，而不是一个鸡场的全进全出，所以，几乎所有鸡场内都不可避免地存在大量的病原微生物，并且在不同鸡舍之间、不同鸡群之间反复交替传播，特别是贵妃鸡的饲养期比肉用仔鸡长，种鸡生产期更长，虽然采取了许多有效的综合防疫措施，但鸡的一些传染病仍时有发生或小范围流行，每天的死亡率虽不高，但累积饲养全期的死亡率却不低，造成生产的较大损失和疫病的难于控制。

有的时候，鸡群感染和发生了某种传染病，从生产和经济角度考虑，除了采取疫苗接种等措施以外，就必须减少鸡群周围环境中病原微生物的含量。例如在种鸡群感染巴氏杆菌病时。

通过多年的养鸡生产实践，人们找到了在鸡舍饲养鸡群条件下，采用气雾方法喷洒某些种类消毒液，将鸡群机体外表与鸡舍环境同时消毒，达到杀灭或减少病原微生物的方法。被称为鸡体消毒法。

鸡体消毒法可采用新洁尔灭、过氧乙酸，使用浓度为0.05%～0.2%，喷雾，每天1～2次。也可用百毒杀0.05%～0.1%，或其他腐蚀性低的消毒药，直接喷雾洒在鸡身上和鸡舍空间等，连续使用。也可作为预防措施，间歇使用。

消毒时应注意事项：

①鸡舍勤打扫，及时清除粪便、污物及灰尘，以免降低消毒质量。

②喷雾消毒时，喷口不可直射鸡，药液浓度和剂量要掌握准确，喷雾程度以地面、墙壁、屋顶均匀湿润和鸡体表稍湿为宜。

③水温要适当，防止鸡受冻感冒。

④消毒前应关闭所有门窗，喷雾15分钟后要开窗通气，使其尽快干燥。

⑤进行育雏室消毒时，事先把室温提高3～4℃，免得因喷雾降温而使幼雏挤压致死。

⑥各类消毒剂交替使用，每月轮换1次。

⑦鸡群接种弱毒苗前后3天内停止喷雾消毒，以免降低免疫效果。

四、做好基础免疫工作

控制贵妃鸡疫病，着重于预防，目前除药物预防和加强饲养管理以外，主要手段是疫苗接种预防，特别是病毒性传染病，疫苗接种或抗体注射才能有效。药物只能减轻部分症状，所以，要养好贵妃鸡，就必须做好疫苗接种。

疫苗就是病原微生物经过杀灭或减弱对鸡的致病作用以后制成的生物制品。疫苗作为一种抗原物质，其抗原性与它所要预防的病原微生物的抗原性是相同或相近似的，当它进入鸡的机体后，就会刺激鸡体内的防御体系，产生抗体或B细胞，激活淋巴细胞的功能，在同类型病原微生物侵入鸡的机体时，就会受到抗体和免疫细胞的破坏，保持机体的健康正常，不受病原微生物的侵害。因此，疫苗能起预防作用。

应当十分明确疫苗不是药物，而是生物制品，疫苗不能起治疗作用，只能起预防作用。

1. 预防接种的方法

疫苗接种可分注射、饮水、滴鼻滴眼、气雾和穿刺法，根据疫苗的种类、鸡的日龄、健康情况等选择最适当的方法。

(1)注射法：此法需要对每只鸡进行保定，使用连续注射器可按照疫苗规定数量进行肌肉或皮下注射，此法虽然有免疫效果准确的一面，但也有捉鸡费力和产生应激等缺点。注射时，除应注意准确的注射量外，还应注意质量，如注射时应经常摇动疫苗液使其均匀。注射用具要做好预先消毒工作，尤其注射针头要准备充分，每群每舍都要更换针头，健康鸡群先注，弱鸡最后注射。注射法包括皮下注射和肌肉注射两种方法。

①皮下注射：用大拇指和食指捏住鸡颈中线的皮肤向上提拉，使形成一个囊。入针方向，应自头部插向体部，并确保针头插入皮下。即可按下注射器推管将药液注入皮下。

②肌肉注射：对鸡作肌肉注射，有3个方法可以选择：第一，翼根内侧肌肉注射，大鸡将一侧翅向外移动，露出翼根内侧肌肉即可

注射。幼雏可左手握成鸡体,用食指、中指夹住一侧翅翼,用拇指将头部轻压,右手握注射器注入该部肌肉中。第二,胸肌注射,注射部位应选择在胸肌中部(即龙骨近旁),针头应沿胸肌方向并与胸肌平面成45°角向斜前端刺入,不可太深,防止刺入胸腔。第三,腿部肌肉注射,因大腿内侧神经、血管丰富,容易刺伤。以选大腿外侧为好,这样可避免伤及血管、神经引起跛行。

(2)饮水免疫法:将弱毒苗加入饮水中进行免疫接种。饮水免疫往往不能产生足够的免疫力,不能抵御毒力较强的毒株引起的疾病流行。为获得较好的免疫效果,应注意以下事项:

①饮水免疫前2天、后5天不能饮用任何消毒药。

②饮疫苗前停止饮水4~6小时,夏季最好夜间停水,清晨饮水免疫。

③稀释疫苗的水最好用蒸馏水,应不含有任何使疫苗灭活的物质。

④疫苗饮水中可加入0.1%脱脂乳粉或2%牛奶(煮后晾凉去皮)。

⑤疫苗用量要增加,通常为注射量的2~3倍。

⑥饮水器具要干净,并不残留洗涤剂或消毒药等。

⑦疫苗饮水应避免日光直射,并要求在疫苗稀释后2~3小时内饮完。

⑧饮水器的数量要充足,保证3/4以上的鸡能同时饮水。

⑨饮水器不宜用金属制品,可采用陶瓷、玻璃或塑料容器。

(3)滴鼻滴眼法:通过结膜或呼吸道黏膜而使药物进入鸡体内的方法,常用于幼雏免疫。按规定稀释好的疫苗充分摇匀后,再把加倍稀释的同一疫苗,用滴管或专用疫苗滴注器在每只幼雏的一侧眼膜或鼻孔内滴1~2滴。滴鼻可用固定幼雏手的食指堵着非滴注的鼻孔,加速疫苗吸入,才能放开幼雏。滴眼时,要待疫苗扩散后才能放开幼雏。

(4)气雾免疫法:对呼吸道疾病的免疫效果很理想,简便有效,可进行大群免疫。对呼吸道有亲嗜性的疫苗Ⅱ、Ⅲ、Ⅳ系弱毒疫苗和传染性气管炎强毒疫苗等效果特好。

①选择专用喷雾器,并根据需要调整雾滴。

②配疫苗用量,一般 1000 羽所需水量 200～300 毫升,也可根据经验调整用量。

③平养鸡可集中一角喷雾,可把鸡舍分成两半,中间放一栅栏,幼雏通过时喷雾,也可接种人员在鸡群中间来回走动,至少来回 2 次。

④喷雾时操作者可距离鸡 2～3 米,喷头和鸡保持 1 米左右的距离,成 45°角,距离鸡头上方 50 厘米,使雾粒刚好落在鸡的头部。

⑤气雾免疫应注意的问题:所用疫苗必须是高效价的,并且为倍量;稀释液要用蒸馏水或去离子水,最好加 0.1%脱脂乳粉或明胶;喷雾时应关闭鸡舍门窗,减少空气流通,避开直射阳光,待全舍喷完后 20 分钟方可打开门窗;降低鸡舍亮度,操作时力求轻巧,减少对鸡群的干扰,最好在夜间进行;为防止继发呼吸道疾病,可于免疫前后在饮水、饲料中加抗菌药物。

(5)刺种法:刺种的部位在鸡翅膀内侧皮下。在鸡翅膀内侧皮下,选羽毛稀少、血管少的部位,按规定剂量将疫苗稀释后,用洁净的疫苗接种针蘸取疫苗,在翅下刺种。

(6)滴肛或擦肛法:适用于传染性喉气管炎强毒性疫苗接种。接种时,使鸡的肛门向上,翻出肛门黏膜,将按规定稀释好的疫苗滴一滴,或用棉签或接种刷蘸取疫苗刷 3～5 下,接种后应出现特殊的炎症反应。9 天后即产生免疫力。

2. 疫苗的选购

疫苗的质量、效果如何需使用后才明确,选购疫苗时一般遵循如下几点。

(1)明确了解疫苗的种类、毒力、安全量、有效量。

(2)瓶签应标明生产厂家、生产日期、有效期,凡非国家指定的厂商生产的疫苗一般不要购买。

(3)每瓶疫苗均具有生产批号,凡批号不清、标签脱落的疫苗不能使用。

(4)不购买超出有效期的疫苗。

(5)检查每瓶疫苗的封口是否紧密完整,一般是密封瓶内处于真空状态。凡封口松散或脱落的疫苗不能购买。

(6)检查疫苗的外观性状是否符合说明。

(7)检查有无腐败,变质或异味。

(8)疫苗是否保存在适度的环境条件下。

(9)了解疫苗的使用方法,购买时索取一份详细的疫苗使用说明书。

(10)购买疫苗时一定要用保温容器冷藏。

3. 预防用药程序

疫苗的免疫效果受到许多因素的影响,为了保证贵妃鸡生产的顺利进行,人们在不断地寻找获取最佳免疫效果的途径和方法,然后将其以一定的模式确立。免疫程序就是根据本地区、本饲养场鸡群疫病的流行情况和贵妃鸡生产目的,制订出各种疫苗接种的种类、具体时间、方法、剂量、免疫检测、重复接种等等的规程。免疫程序不是统一不变的,应当根据实际情况制订,并且在实施过程中检验其正确性和作出调整。

制订免疫程序首先要考虑本地区(场)鸡病流行情况,包括近几年鸡病流行的种类、程度、流行的时间、季节、传播途径、流行方式等。通过调查流行情况,才能确立免疫的目标,即预防哪些传染性鸡病。

贵妃鸡的生产目的不同,其免疫程序也不同。一般来说,饲养周期越长的鸡群，需要免疫的种类越多，免疫水平要求越高。种鸡较之肉鸡的免疫程序复杂，它要保护鸡群安全渡过500天的生产期，饲养120天龄上市的地方品种较之饲养至80天龄上市的贵妃鸡，新城疫接种次数就增加。具体实施过程中，还要注意鸡群的健康状况和应激。

(1)商品贵妃鸡的免疫程序（各地可以作为参考，结合本地实际，制订出更合适的免疫程序）

①1日龄，用鸡马立克病毒冻干苗（火鸡疱疹病毒苗），按瓶签头份，用马立克氏疫苗稀释液稀释，出壳24小时内的雏鸡每羽颈部皮下注射0.2毫升。

②5日龄，鸡新城疫Ⅱ系疫苗，用生理盐水10倍稀释，每只雏鸡滴鼻和滴眼0.03～0.04毫升，约1小滴。

③7日龄，用鸡传染性支气管炎H120疫苗，生理盐水10倍稀释，每只鸡滴眼或滴鼻1滴（0.03～0.04毫升）。也可以按瓶签头份，每只鸡饮水量以3～5毫升计算，用干净饮水稀释后，在1小时内饮完。

④10日龄，用鸡传染性法氏囊病（IBD）疫苗G-603（美国产），按头份用生理盐水稀释，每只鸡颈部皮下或肌肉注射0.5毫升。

⑤20日龄，用生理盐水500倍稀释（1000头份），每只鸡肌肉注射鸡新城疫Ⅰ系弱毒疫苗0.5毫升。

⑥25～30日龄，用鸡传染性喉气管炎弱毒疫苗，生理盐水10倍稀释，每只鸡单侧滴鼻1滴，0.03～0.04毫升（切忌双侧滴鼻或眼）。

⑦35～40日龄，接种鸡传染性支气管炎H50疫苗，用生理盐水10倍稀释，每只满眼1滴。

⑧45日龄，用鸡新城疫Ⅱ系，以3倍量饮水免疫。

⑨50日龄，用禽霍乱蜂胶灭活疫苗，胸肌注射，免疫期6个月。

⑩60 日龄，用禽流感 H5N1 亚型灭活疫苗，3 倍量饮水，免疫期达 6 个月。

(2)贵妃鸡种鸡的免疫程序：种鸡饲养周期较长，种用价值高，因此要求免疫的项目较多，免疫水平较高，其免疫程序较之商品贵妃鸡的免疫程序要复杂。下面是种鸡饲养期的一些免疫项目，在制订具体的免疫程序时可供参考。

①1 日龄，用火鸡疱疹病毒冻干疫苗，按瓶签头份加大 20%的剂量，用马立克疫苗稀释液稀释，每羽刚出壳的雏鸡颈部皮下注射 0.2 毫升。

②3 日龄，鸡新城疫(ND)和传染性支气管炎(IB)二联疫苗，按头份稀释后每只鸡滴眼或滴鼻 1～2 滴。

③8 日龄，用小鸡新城疫灭活油佐剂苗，接头份进行颈部皮下注射。

④13 日龄，鸡传染性法氏囊病(IBD)疫苗 G-603(美国产)接头份以生理盐水稀释，颈部皮下注射。

⑤17 日龄，鸡痘化弱毒冻干疫苗，用生理盐水 200 倍稀释，钢笔尖(经消毒)蘸取疫苗，于鸡翅内侧无血管处皮下刺种一针。

⑥20 日龄，鸡新城疫Ⅱ系(LaSota 毒株)，按头份的 3 倍量于干净饮水稀释后，1 小时内饮完疫苗。

⑦25 日龄，鸡传染性喉气管炎(LT)弱毒疫苗，按头份稀释后，每只鸡单侧滴眼或滴鼻 1 滴(切勿双侧滴，否则易造成鸡双眼失明)。

⑧29 日龄，鸡新城疫Ⅰ系，生理盐水接头份稀释，每只肌肉注射 0.5～1.0 毫升。

⑨45 日龄，禽出败细菌荚膜疫苗，按生产厂商说明使用。

⑩50 日龄，鸡传染性支气管炎疫苗 H52，生理盐水 10 倍稀释，每只鸡滴眼或滴鼻 1 滴。

⑪65 日龄，鸡新城疫Ⅰ系，生理盐水按头份稀释，每只鸡注射

1毫升。

⑫105日龄，禽脑脊髓炎、鸡新城疫联苗翼膜刺种。

⑬150日龄，新城疫(ND)＋传染性支气管炎(IB)＋传染性法氏囊病(IBD)三联油佐剂苗，按使用说明，肌肉注射。

⑭155日龄，减蛋综合征油佐剂疫苗，按使用说明肌肉注射。

⑮200日龄以后，根据抗体监测结果，适时再次用鸡新城疫Ⅱ系疫苗口服。

4. 注意事项

疫苗作为生物制品，稳定性很差，各种理化因素等影响都易造成疫苗效价的下降，因此，在疫苗的贮存和使用过程中需要严格的保护条件和适当的方法。否则，疫苗就可能失效，造成重大损失。因疫苗效价下降或失效使免疫失败，鸡群暴发严重的疫病而造成重大经济损失的情况已屡见不鲜。

疫苗在贮藏和使用过程中应注意如下事项：

(1)使用时要详细了解该种疫苗的免疫对象、免疫力、安全性、免疫期、接种方法、本疫苗制品的特性等。

(2)使用时要详细了解疫苗的运输和保存时的条件，凡接触过高温、长时间的阳光照射，均不能使用。

(3)在疫苗的保存期间应按生产厂商的说明保存在适当的温度，特别要注意因停电造成保存温度的短时、反复间歇性上升。

(4)应在规定的有效期内使用，过期的疫苗不能使用。

(5)疫苗运输时必须放在装有冰块的保温容器内，尽量缩短运输的时间，运输时应避免阳光直射和剧烈震荡。

(6)疫苗在使用前要仔细检查，发现疫苗瓶破裂，瓶盖松开、没有或瓶签不清，内容物混有杂质，变色等异常性状时不能使用。

(7)应按生产厂商指定的稀释液进行稀释，并充分摇匀，稀释液用量要准确，保证稀释后的疫苗浓度。否则，接种给鸡只的疫苗量就会太多或不足,造成免疫效果低下。

(8)免疫用具须经煮沸消毒15～20分钟,注射针头最好每百只鸡换一支。

(9)接种时应尽量保证进入每只鸡体内的疫苗均达到最小免疫量,克服因操作失误而出现的接种疫苗量不足或无接种现象。

(10)疫苗稀释后应在规定的时间内接种完,尽可能缩短从稀释到进入鸡体的时间。稀释后的疫苗要放置在适宜的条件下,稀释后超期限或用不完的疫苗要废弃。

(11)如果疫苗采用饮服或气雾免疫接种方法时,应使用清洁干净的饮用水,水中不含任何消毒剂或其他化学药品,盛水的容器应清洁干净,无消毒剂或杂物残留。水的pH值最好为中性。饮服疫苗前,鸡群应限制饮水1～2小时,然后同时投放含疫苗的饮水,且饮水器充足,在1小时内保证每只鸡都有充足的饮水机会,并将含疫苗的饮水食完。

5. 影响疫苗接种效果的因素

疫苗接种的成败直接关系到贵妃鸡生产的结局,深入了解影响疫苗免疫效果的因素是十分必要的。因为免疫学是一门十分复杂的现代科学,影响免疫的因素很多,这里仅将贵妃鸡生产中被认为是主要的因素作一些探讨:

(1)遗传:贵妃鸡的抗逆性能较肉用仔鸡等强,如实施合理的免疫程序,一般都可产生良好的免疫效果,疫病的发生和死亡率均很低。

(2)日龄:鸡形成抗体的能力随1日龄到成熟期的日龄而增强,一般在6周龄以前只能产生短期免疫力。这就是为什么贵妃鸡生长前期要反复接种新城疫等疫苗的重要原因,通常在鸡达到较大日龄时,进行疫苗的重复接种,特别是种鸡。

(3)母源抗体:母源抗体是雏鸡通过蛋从母鸡那里获取的抗

体，它使雏鸡获取被动免疫力，母源抗体随雏鸡日龄的增长而逐渐消失，当母源抗体在雏鸡体内含量比较高时接种疫苗，会中和部分疫苗产生较低的免疫力。

(4)营养：营养状况良好是鸡体产生良好免疫力的基本条件，因为免疫反应时产生抗体需要从营养中获取大量的蛋白质。

(5)疾病：各种疾病，包括寄生虫病等都会严重影响免疫效果，在鸡群发生疾病时接种疫苗，可能达不到有效的免疫反应，反使鸡体的负担更重，死亡率更高，正常的疫苗接种都选择在鸡群健康正常时进行。

(6)应激：卫生条件不良、饲养管理不善、维生素缺乏、寒冷或高温等应激都可能造成免疫效果的降低。

(7)疫苗：不同毒株的疫苗，毒力强弱不同，活毒和灭活疫苗的免疫反应都各不相同，甚至同一毒株由不同厂商生产的疫苗其免疫效果也可能导致明显的差异。

(8)疫苗的接种方法：疫苗进入鸡体须遵循一定的感染途径，不同的接种方法，也会造成免疫效果的差异，例如鸡传染性支气管疫苗口服就会比滴鼻或滴眼的接种效果差。

(9)各种疫苗的相互影响：虽然不同疫苗引起鸡体产生不同的抗体，但各种疫苗接种间隔时间、疫苗的同时或混合使用，都可能相互间产生干扰的作用，使效力降低。

五、灭鼠灭虫

1. 灭鼠

鼠是人、畜多种传染病的传播媒介，鼠还盗食饲料和鸡蛋，咬死雏鸡，咬坏物品，污染饲料和饮水，危害极大，贵妃鸡场必须加强灭鼠。

(1)防止鼠类进入建筑物：鼠类多从墙基、天棚、瓦顶等处窜入室内，在设计施工时注意：墙基最好用水泥制成，碎石和砖砌的墙基，应用灰浆抹缝。墙面应平直光滑，防鼠沿粗糙墙面攀登。砌缝不严的空心墙体，易使鼠隐匿营巢，要填补抹平。为防止鼠类爬上屋顶，可将墙角处做成圆弧形。墙体上部与大棚衔接处应砌实，不留空隙。用砖、石铺设的地面，应衔接紧密并用水泥灰浆填缝。各种管道周围要用水泥填平。通气孔、地脚窗、排水沟(粪尿沟)出口均应安装孔径小于1厘米的铁丝网，以防鼠窜入。

(2)器械灭鼠：器械灭鼠方法简单易行，效果可靠，对人、畜无害。灭鼠器械种类繁多，主要有夹、关、压、卡、翻、扣、淹、黏、电等。近年来还研究和采用电灭鼠和超声波灭鼠等方法。

(3)化学灭鼠：化学灭鼠效率高、使用方便、成本低、见效快，缺点是能引起人、畜中毒，有些鼠对药剂有选择性、拒食性和耐药性。所以，使用时需选好药剂和注意使用方法，以保安全有效。灭鼠药剂种类很多，主要有灭鼠剂、熏蒸剂、烟剂、化学绝育剂等。鸡场的鼠类以孵化室、饲料库、鸡舍最多，是灭鼠的重点场所。饲料库可用熏蒸剂毒杀。投放毒饵时，机械化养鸡场，因实行笼养，只要防止毒饵混入饲料中即可。在采用全进全出制的生产程序时，可结合舍内消毒时一并进行。鼠尸应及时清理，以防被畜误食而发生二次中毒。选用鼠长期吃惯了的食物作饵料，突然投放，饵料充足，分布广泛，以保证灭鼠的效果。

2. 灭昆虫

鸡场易孳生蚊、蝇等有害昆虫，骚扰人、畜和传播疾病，给人、畜健康带来危害，应采取综合措施杀灭。

(1)环境卫生：搞好鸡场环境卫生，保持环境清洁、干燥，是杀灭蚊蝇的基本措施。蚊虫需在水中产卵、孵化和发育，蝇蛆也需在潮湿的环境及粪便等废弃物中生长。因此，填平无用的污水池、土坑、水沟和洼地，保持排水系统畅通，对阴沟、沟渠等定期疏通，勿使污水储积。对贮水池等容器加盖，以防蚊蝇飞入产卵。对不能清除或加盖的防火贮水器，在蚊蝇孳生季节，应定期换水。永久性水体(如鱼塘、池塘等)，蚊虫多孳生在水浅而有植被的边缘区域，修整边岸，加大坡度和填充浅湾，能有效地防止蚊虫孳生。鸡舍内的粪便应定时清除，并及时处理，贮粪池应加盖并保持四周环境的清洁。

(2)化学杀灭：化学杀灭是使用天然或合成的毒物，以不同的剂型(粉剂、乳剂、油剂、水悬剂、颗粒剂、缓释剂等)，通过不同途径(胃毒、触杀、熏杀、内吸等)，毒杀或驱逐蚊蝇。化学杀虫法具有使用方便、见效快等优点，是当前杀灭蚊蝇的较好方法。

①马拉硫磷：为有机磷杀虫剂。它是世界卫生组织推荐用的室内滞留喷洒杀虫剂，其杀虫作用强而快，具有胃毒、触毒作用，也可作熏杀，杀虫范围广，可杀灭蚊、蝇、蛆、虱等，对人、畜的毒害小，故适于畜舍内使用。

②敌敌畏：为有机磷杀虫剂。具有胃毒、触毒和熏杀作用，杀虫范围广，可杀灭蚊、蝇等多种害虫，杀虫效果好。但对人、畜有较大毒害，易被皮肤吸收而中毒，故在畜舍内使用时，应特别注意安全。

③合成拟菊酯：是一种神经毒药剂，可使蚊蝇等迅速呈现神经麻痹而死亡。杀虫力强，特别是对蚊的毒效比敌敌畏、马拉硫磷等高 10 倍以上，对蝇类，因不产生抗药性，故可长期使用。

第二节　常见病的防治

及时而准确的疾病诊断是预防、控制和治疗家禽疾病的重要前提和环节，要达到快速而准确的诊断，需要具备全面而丰富的疾病防治和饲养管理知识，运用各种诊断方法，进行综合分析。家禽疾病的诊断方法有多种，而实际生产中最常用的是临床检查技术、病理学诊断技术和实验室诊断技术。各种家禽疾病的发生都有其自身的特点，只要抓住这些疾病的特点运用恰当的诊断方法就可以对疾病做出正确的诊断。

一、鸡病的判断

1. 群体检查

群体性是鸡的生物学特性之一，鸡的饲养管理性必须联系这个特性进行。在集约化饲养的情况下，难于每天观察了解每只鸡的生长发育和健康状况，只能仔细观察群鸡的状况，判断其生长和健康是否正常，饲养与管理条件是否相适应，发现问题及时纠正，特别是日常的仔细观察，有利于在鸡群疫病刚出现或未出现之前发现，采取适当的措施，控制疫病的发展，使鸡群尽早恢复健康。

观察鸡群一般选择在早上天亮后不久和傍晚或晚间进行。鸡群经一晚休息后，早上是采食、饮水、交配、运动等最活跃的时候，较容易观察到鸡群的异常情况。晚上鸡群处安静状态，除可以静听鸡群呼吸音外，还有利于捉鸡检查。

观察鸡群时饲养或技术人员应缓慢接近鸡群，待鸡群无惊恐，恢复正常活动时进行。

观察鸡群可从以下几方面进行：

(1)观察鸡群活动：正常的鸡群给人以精神活泼的感觉，站立走动有力，羽毛整洁有光泽，冠和肉髯红润，两眼有神，采食、饮水、交配活动较频繁，鸡群在舍内分布均匀。鸡群不健康时鸡群很少采食、饮水和有交配活动，精神不振，羽毛蓬松不洁，肛门周围带沾有粪便，站立走动无力，病鸡独处一隅，蹲伏不动。

(2)观察鸡群排泄的粪便状况:正常鸡群排泄的粪便呈灰色条状,尾端带有菊白色的尿酸盐,伴有少量的尿液,可闻到鸡粪特有的臭味。鸡的异常粪便在质、量、形态和消化不良等方面表现出来。

①牛奶样粪便:粪便为乳白色,稀水样似牛奶倒在地上,鸡群一般在上午排出这种粪便。这是肠道黏膜充血、轻度肠炎的特征粪便。

②节段状粪便:粪便呈堆型,细条节段状,有时表面有一层黏液。刚刚排出的粪便,水分和粪便分离清晰,多为黑灰或淡黄色,这是慢性肠炎的典型粪便,多见于雏鸡。

③水样粪便:粪便中消化物基本正常,但含水分过多,原因有大肠杆菌病、低致病性禽流感、肾传支、温度骤然降低应激、饲料内含盐量过高、环境温度过高等。

④蛋清状粪便:粪便似蛋清状、黄绿色并混有白色尿酸盐,消化物极少。

⑤血性粪便:粪便为黑褐色、茶锈水色、紫红色、或稀或稠,均为消化道出血的特征。如上部消化道出血,粪便为黑褐色,茶锈水色。下部消化道出血,粪便为紫红色或红色。

⑥肉红色粪便:粪便为肉红色,成堆如烂肉,消化物较少,这是脱落的肠黏膜形成的粪便,常见于绦虫病、蛔虫病、球虫病和肠炎恢复期。

⑦绿色粪便:粪便墨绿色或草绿色,似煮熟的菠菜叶,粪便稀薄并混有黄白色的尿酸盐。这是某些传染病和中暑后由胆汁和肠内脱落的组织混合形成的,所以为墨绿色或黑绿色。

⑧黄色粪便:粪便的表面有一层黄色或淡黄色的尿覆盖物,消化物较少,有时全部是黄色尿液。这是肝脏有疾病的特征粪便。

⑨白色稀便:粪便白色非常稀薄,主要由尿酸盐组成,常见于法氏囊炎、瘫痪鸡、雏白痢,食欲废绝的病鸡和患尿毒症的鸡。

(3)记录检查鸡群每天采食和饮水情况：一般情况下，贵妃鸡群在生长期内随着日龄的增长，采食量与日俱增，种鸡的采食量相对较稳定，如发现无气候、管理、饲料变化等异常情况，鸡群采食量下降，或饮水量下降，或突然增加时，应考虑疫病发生的可能。

(4)在鸡群安静时，特别是晚间，静静地听鸡群呼吸、鸣叫音，正常鸡群叫声明亮，晚间休息时无响声。如雏鸡保温不足，鸡群鸣叫不休；如温度过高，则尖叫不止。如发生新城疫病，鸡群呼吸时发出“咯咯”声；如听到失利的喉头喘鸣音，则是传染性喉气管炎的表现；如发生传染性支气管炎，亦可听到特殊的呼吸音。

2. 个体检查

全群观察后，挑出有异常变化的典型病鸡，作个体检查。

(1)体温检查：鸡测温需用高刻度的小型体温计，从泄殖腔或腹下测温。如通过泄殖腔测温，将体温计消毒涂油润滑后，从肛门插入直肠(右侧)2～3 厘米经 1～2 分钟取出，注意不要损伤输卵管。鸡的正常体温为 39.6～43.6℃，体温升高，见于急性传染病、中暑等；体温降低，见于慢性消耗性疾病、贫血、下痢等。

(2)鸡冠和肉髯检查：冠和肉髯是鸡皮肤的衍生物，内部具有丰富的血管、淋巴管和神经，许多疾病都出现鸡冠和肉髯的变化。正常的鸡冠和肉髯颜色鲜红，组织柔软光滑。如果颜色异常则为病态。鸡冠发白，主要见于贫血、出血性疾病及慢性疾病；鸡冠发紫，常见于急性、热性疾病，也可见于中毒性疾病；鸡冠萎缩，常见于慢性疾病；如果冠上有水疱、脓包、结痂等病变，多为鸡痘的特征。肉髯发生肿胀，多见于慢性禽霍乱和传染性鼻炎。

(3)眼睛的检查：健康鸡的眼大而有神，周围干净，瞳孔圆形，反应灵敏，虹膜边界清晰。病鸡眼怕光流泪，结膜发炎，结膜囊内有豆腐渣样物，角膜穿孔失明，眼睑常被眼眵黏住，眼边有颗粒状小痂块，眼部肿胀，眼白色混浊、失明，瞳孔变成椭圆形、梨子形、圆锯形，或边缘不齐，虹膜灰白色。

(4)口鼻的检查：健康鸡的口腔和鼻孔干净利索，无分泌物和饲料附着。病鸡可能出现口、鼻有大量黏液，经常晃头，呼吸急促、困难、喘息、咳出血色的唾液等症状。

(5)羽毛和姿势检查：正常时，鸡被毛鲜艳有光泽。有病时羽毛变脆、易脱落，竖立、松乱，翅膀、尾巴下垂，易被污染。正常鸡站卧自然，行动自如，无异常动作。病鸡则出现步态不稳，运动不协调，转圈行走或头颈歪向一侧或向后背等症状。

(6)呼吸检查：正常鸡的呼吸平稳自然，没有特殊的状态。病鸡应注意观察鸡的呼吸状态，是否有吸音，是否咳嗽、打喷嚏等。

(7)嗉囊检查：用手指触摸嗉囊内容物的数量及其性质。嗉内食物不多，常见于发生疾病或饲料适口性不好。内容物稀软，积液、积气，常见于慢性消化不良。单纯性嗉囊积液、积气是鸡高烧的表现或唾液腺神经麻痹的缘故。嗉囊阻塞时，内容物多而硬，弹性小。过度膨大或下垂，是嗉囊神经麻痹或嗉囊本身机能失调引起的。嗉囊空虚，是重病末期的象征。

(8)皮肤触摸检查：从头颈部、体躯和腹下等部位的羽毛用手逆翻，查检皮肤色泽及有无坏死、溃疡、结痂、肿胀、外伤等。正常皮肤松而薄，易与肌肉分离，表面光滑。若皮肤增厚、粗糙有鳞屑，两小腿鳞片翘起，脚部肿大，外部像有一层石灰质，多见于鸡疥癣病或鸡膝螨病；皮肤上有大小不一、数量不等的硬结，常见于马立克病；皮肤表面出现大小数量不等、凹凸不平的黑褐色结痂，多见于皮肤性鸡痘；皮下组织水肿，如呈胶冻样者，常见于食盐中毒，如内有暗紫色液体，则常见于维生素 E 的缺乏症。

(9)腹部检查：用于触摸腹下部，检查腹部温度，软硬等。腹部异常膨大而下垂，有高热、痛感，是卵黄性腹膜炎的初期；触摸有波动感，用注射器穿刺可抽出多量淡黄色或深灰色并带有腥臭味的浑浊液体，则是卵黄性腹膜炎中后期的表现。如腹部发凉、干燥而无弹性，常见于白痢、内寄生虫病。

(10)腿部和脚掌的检查：鸡腿负荷较重，患病时变化也较明显。病鸡腿部弯曲，膝关节肿胀变形，有擦伤，不能站立，或者拖着一条腿走路，多见于锰和胆碱缺乏症。膝关节肿大或变长，骨质变软，常见于佝偻病，跖骨显著增厚粗大、骨质坚硬，常见于白血病等。腿麻痹、无痛感、两腿呈"劈叉"姿势，可见于鸡马立克病。病初跛行，大腿易骨折，可见于葡萄球菌感染。足趾向内卷曲，不能伸张，不能行走，多见于核黄素缺乏症。观察掌枕和爪枕的大小及周围组织有无创伤、化脓等。

3. 病鸡的病理剖检处理

对外观检查不能确认的鸡只，要进行剖检检查，以便进一步明确疾病的种类。

(1)病理剖检的准备

①剖检地点的选择：鸡场最好建立尸体剖检室，剖检室设置在生产区和生活区的下风方向和地势较低的地方，并与生产区和生活区保持一定距离；若养鸡场无剖检室，剖检尸体时选择在比较偏僻的地方进行，要远离生产区、生活区、公路、水源等，以免剖检后，尸体的粪便、血污、内脏、杂物等污染水源、河流，或由于车来人往等传播病原，造成疫病扩散。

②剖检器械的准备：对于鸡剖检，一般有剪刀和镊子即可工作。另外可根据需要准备骨剪、肠剪、手术刀、搪瓷盆、标本皿、广口瓶、消毒注射器、针头、培养皿等，以便收集各种组织标本。

③剖检防护用具的准备：工作服、胶靴、一次性医用手套或橡胶手套、脸盆或塑料小水桶、消毒剂、肥皂、毛巾、水桶、脸盆、消毒剂等。

④尸体处理设施的准备：对剖检后的尸体应进行焚烧或深埋，对剖检场所和用具进行彻底全面的消毒。剖检室的污水和废弃物

必须经过消毒处理后方可排放。

(2)病理剖检的注意事项

①在进行病理剖检时,如果怀疑待检的鸡已感染的疾病可能对人有接触传染时(如鸟疫、丹毒、禽流感等),必须采取严格的卫生预防措施。剖检人员在剖检前换上工作服、胶靴、配戴优质的橡胶手套、帽子、口罩等,在条件许可的条件下最好戴上面具,以防吸入病禽的组织或粪便形成的尘埃等。

②在进行剖检时应注意所剖检的病(死)鸡应在鸡群中具有代表性。

③剖检前应当用消毒药液将病鸡的尸体和剖检的台面完全浸湿。

④剖检过程应遵循从无菌到有菌的程序,对未经仔细检查且粘连的组织,不可随意切断,更不可将腹腔内的管状器官(如肠道)切断,造成其他器官的污染,给病原分离带来困难。

⑤剖检人员应认真地检查病变,切忌草率行事。如需进一步检查病原和病理变化,应取病料送检。

⑥在剖检中,如剖检人员不慎割破自己的皮肤,应立即停止工作,先用清水洗净,挤出污血,涂上药物,用纱布包扎或贴上创可贴;如剖检的液体溅入眼中时,应先用清水洗净,再用20%的硼酸冲洗。

⑦剖检后,所用的工作服、剖检的用具要清洗干净,消毒后保存。剖检人员应用肥皂或洗衣粉洗手,洗脸,并用75%的酒精消毒手部,再用清水洗净。

(3)病理剖检的程序:病理剖检一般遵循由外向内,先无菌后污染,先健部后患部的原则,按顺序,分器官逐步完成。

①活鸡应首先放血处死、死鸡能放出血的尽量放血,检查并记录患鸡外表情况,如皮肤、羽毛、口腔、眼睛、鼻孔、泄殖腔等有无异常。

②用消毒液将禽尸羽毛沾湿或浸湿，避免羽毛、尘屑飞扬，然后将鸡尸放在解剖盘中或塑料布上。

③用刀或剪把腹壁和两侧大腿间的疏松皮肤纵向切开，剪断连接处的肌膜，两手将两股骨向外压，使股关节脱臼，卧位平稳。

④将龙骨末端后方皮肤横行切断，提起皮肤向前方剥离并翻置于头颈部，使整个胸部至颈部皮下组织和肌肉充分暴露，观察皮下、胸肌、腿肌等处有无病变，如有无出血、水肿，脂肪是否发黄，以及血管有无淤血或出血等。

⑤皮下及肌肉检查完之后，在胸骨末端与肛门之间作一切线，切开腹壁，再顺胸骨的两边剪开体腔，以剪刀置肋骨的中点，由后向前将肋骨、胸肌、锁骨全部剪断，将胸部翻向头部，使体腔器官完全暴露。然后观察各脏器的位置、颜色、有无畸形，浆膜的情况如有无渗出物和粘连，体腔有无积水、渗出物或出血。接着剪断腺胃前的食管，拉出胃肠道、肝和脾，剪断与体腔的联系，即可摘出肝、脾、生殖器官、心、肺和肾等进行观察。若要采取病料进行微生物学检查，一定要用无菌方法打开体腔，并用无菌法采取需要的病料（肠道病料的采集应放到最后）后再分别进行各脏器的检查。

⑥将鸡尸的位置倒转，使头朝向剖检者，剪开嘴的上下连合，伸进口腔和咽喉，直至食管和食道膨大部，检查整个上部消化道，以后再从喉头剪开整个气管和两侧支气管。观察后鼻孔、腭裂及喉口有无分泌物堵塞；口腔内有无伪膜或结节；再检查咽、食道和喉、气管黏膜的颜色，有无充血、出血、黏液和渗出物。

⑦根据需要，还可对鸡的神经器官如脑、关节囊等进行剖检。脑的剖检可先切开头顶部皮肤，从两眼内角之间横行剪断颧骨，再从两侧剪开顶骨、枕骨，掀除脑盖，暴露大、小脑，检查脑膜以及脑髓的情况。

（4）病理材料的采集：有条件作实验室检查的可自己进行检查，若无可送到当地的动物检疫部门进行检疫（如畜牧部门、防疫部门等)。

①病理材料的采集：送检时，应送整个新鲜病死鸡或病重的鸡，要求送检材料具有代表性，并有一定的数量；送检为病理组织学检验时，应及时采集病料并固定，以免腐败和自溶而影响诊断；送检毒物学检查的材料，要求盛放材料的容器要清洁，无化学杂质，不能放入防腐消毒剂。送检的材料应包括肝脏、胃、肠内容物，怀疑中毒的饲料样品，也可送检整个鸡的尸体；送检细菌学、病毒学检查的材料，最好送检具有代表性的整个新鲜病死鸡或病重鸡到有条件的单位由专业技术人员进行病料的采集。

②病理材料的送检：将整个鸡的尸体放入塑料袋中送检；固定好的病理材料可放入广口瓶中送检；毒物学检验材料应由专人保管、送检，并同时提供剖检材料，提出可疑毒物等情况；送检材料要有详细的说明，包括送检单位、地址、鸡的品种、性别、日龄、病料的种类、数量、保存及固定的方法、死亡日期、送检日期、检验目的、送检人的姓名。并附临床病例的情况说明(发病时间、临床症状、死亡情况、产蛋情况、免疫及用药情况等)。

二、鸡的给药方法

药物种类繁多，有些药物需要通过固定的途径进入机体才能发挥作用。另外，一些药物，不同的给药途径，可以发挥不同的药理作用。因此，临床上应根据具体情况选择不同的给药方法。

1. 群体给药法

(1)饮水给药法：即将药物溶解于水中，让鸡自由饮水的同时将药液饮入体内。对易溶于水的药物，可直接将药物加入水中混合均匀即可。对难溶于水中的药物，可将药物加入少量水中加热，搅拌或加助溶剂，待其达到一定程度的溶解或全溶后，再混入全量饮水中,也可将其做悬液再混入饮水中。

(2)混饲给药:是鸡疾病防治经常使用的方法,将药物混合在饲料中搅拌均匀即可。但少量药物很难和大量的饲料混合均匀,可先将药物和一种饲料或一定量的配合饲料混合均匀,然后再和较大量的饲料混合搅拌,逐级增大混合的饲料量,直至最后混合搅拌均匀。

(3)气雾给药:是通过呼吸道吸入或作用于皮肤黏膜的一种给药法。由于鸡肺泡面积很大,并有丰富的毛细血管,用此法给药时,药物吸收快,药效出现迅速,不仅能起到局部作用,也能经肺部吸收后呈现全身作用。

2. 个体给药法

(1)口服法:指经人工从口投药,药物口服后经胃、肠道吸收而作用于全身或停留在胃、肠道发挥局部作用。对片剂、丸剂、粉剂,用左手食指伸入鸡的舌基部将舌拉出并与拇指配合固定在下腭上,右手将药物投入。对液体药,用左手拇指和食指抓住冠和头部皮肤,使向后倒,当喙张开时,即用右手将药液滴入,令其咽下,反复进行,直到服完。也可用鸡的输导管,套上玻璃注射器,将喙拨开插入导管,将注射器中的药液推入食道。

(2)肌肉注射法:常用于预防接种或药物治疗。肌肉注射部位有翼根内侧肌肉、胸部肌肉及腿部外侧肌肉,尤以胸部肌肉为常用注射部位。

(3)气管内注入法:多用于寄生虫治疗时的用药。左手抓住鸡的双翅提取,使其头朝前方,右手持注射器,在鸡的右侧颈部旁,靠近右侧翅膀基部约 1 厘米处进针,针刺方向可由上向下直刺,也可向前下方斜刺,进针 0.5～1 厘米,即可推入药液。

(4)食道膨大部注入法:当鸡张喙困难,且急需用药时可采用此法。注射时,左手拿双翅并提举,使头朝前方,右手持注射器,在鸡的食道膨大部向前下方斜刺入针头，进针深度为0.5～1厘米左右，进针后推入药液即可。

3. 鸡用药注意事项

(1)应根据每种药物的适应证合理地选择药物，并根据所患疾病和所选药物自身的特点选用不同的给药方法。

(2)用药时用量应适当、疗程应充足、途径应正确。本着高效、方便、经济的原则，科学地用药物。

(3)应充分利用联合用药的有利作用，避免各种配伍禁忌和不良反应的发生。

(4)应注意可能产生的机体耐药性和病原体抗药性，并通过药敏试验、轮换用药等手段加以克服。

(5)注意预防药物残留和蓄积中毒。长期使用的药物，应按疗程间隔使用，某些易引起残留的药物在鸡宰前15～20天内不宜使用，以免影响产品质量和危害人体健康。

(6)饮水给药，应确保药物完全溶解于水后再投喂，并应保证每个鸡都能饮到；拌料给药，应确保饲料的搅拌均匀。否则不仅影响效果，而且可能造成中毒。

(7)在使用药物期间，应注意观察鸡群的反应性。有良好效果的应坚持使用；应用后出现不良反应的，应立即停止用药；使用效果不佳的，应从适应证、耐药性、剂量、给药途径、病因诊断是否正确等多方面仔细分析原因，及时调整方案。

三、常见疾病的治疗与预防

1. 新城疫

新城疫又称亚洲鸡瘟，是由鸡新城疫病毒感染引起的急性高度接触性的烈性传染病。无论成鸡还是雏鸡，一年四季均可发生，但春、秋两季发病率高并易于流行。

(1)病因:新城疫病毒是副黏液病毒属中的一个具有代表性的病毒,呈多型性,还具有凝集鸡、火鸡、鸭、麻雀等禽类以及某些哺乳动物(人、豚鼠等)红血球的特性。

(2)症状:自然感染的潜伏期一般为3～5天。根据毒株毒力的不同和病程的长短,可分为最急性、急性和亚急性或慢性三种。

①最急性型:往往不见临床症状,突然倒地死亡。常常是头一天鸡群活动采食正常,第二天早晨在鸡舍发现死鸡。如不及时救治,1周后将会大批死亡。

②急性型:潜伏期较长,病鸡发高烧,呼吸困难,精神萎靡打蔫,冠和肉垂呈紫黑色,鼻、咽、喉头积聚大量酸臭黏液,并顺口流出,有时为了排出气管黏液常做摆头动作,发生特征性的"咕噜声",或咳嗽、打喷嚏,拉黄色或绿色或灰白色恶臭稀便,2～5天死亡。

③慢性型:病初症状同急性相似,后来出现神经症状,动作失调,头向后仰或向一侧扭曲、转圈,步履不稳、翅膀麻痹,10～20天逐渐消瘦而死亡。

(3)病理变化

①典型新城疫:胃黏膜水肿,乳头出血,十二指肠黏膜和泄殖腔充血和出血,盲肠扁桃体肿大并有出血或出血性坏死。病程稍长,有时可见肠壁形成枣核状溃疡。种鸡卵泡充血、出血,有时破裂。心冠和腹腔脂肪有出血点。气管黏膜充血,出血,气管内有多量黏液,有时见有出血。气囊壁混浊增厚,并有干酪样渗出物,渗出物多数是因有支原体或大肠杆菌混合感染所致。

②非典型新城疫:病理变化常不明显,往往看不到典型病变,常见的病变是心冠脂肪的针尖出血点,腺胃肿胀和小肠的卡他性炎症,盲肠扁桃体普遍有出血,泄殖腔也多有出血点。如若继发感染支原体或大肠杆菌,则死亡率增加,表现有气囊炎和腹膜炎等

病变。

(4)诊断:仅根据临床症状和肉眼病理变化作出确诊是比较困难的,但当鸡群出现以呼吸困难为特征,下痢,粪呈黄白或绿色,有“咯咯”喘鸣音,发病急,死亡率高,抗生素治疗无效,个别耐过的病鸡出现特殊的神经症状时,应怀疑是本病。实验室可应用血细胞凝集抑制试验、中和试验、荧光抗体技术等方法确诊。

(5)治疗:发病后可进行紧急接种。鸡群一旦暴发了鸡新城疫,可应用大剂量鸡新城疫Ⅰ系苗抢救病鸡,即用100倍稀释,每只鸡胸肌注射1毫升,3天后即可停止死亡;也可紧急接种用Ⅳ系加倍量点眼或饮水并配合新必妥;也可用干扰素+抗生素药物+维生素治疗。对注射后出现的病鸡一律淘汰处理,死鸡焚毁。并严格封锁,经常消毒,至本病停止死亡后半月,再进行一次大消毒,而后解除封锁。

(6)预防

①根据当地疫情流行特点,制定适宜免疫程序,按期进行免疫接种,即4～7日龄用Ⅳ系苗首免(滴鼻或饮水),17～21日龄用Ⅳ系苗作第2次免疫,35日龄用Ⅳ系苗作第3次免疫。12日龄用Ⅳ系苗首免(滴鼻或饮水),25日龄用Ⅳ系苗肌肉注射作第2次免疫。12日龄用Ⅵ系苗(滴鼻或饮水)的同时,皮下注射鸡新城疫油乳剂苗。种鸡在以上任何一种免疫程序的基础上,于70日龄作1次新城疫油乳剂苗皮下注射,120日龄再作1次新城疫油乳剂苗或联苗皮下注射。

②搞好鸡舍环境卫生,地面、用具等定期消毒,减少传染媒介,切断传染途径。

③不在市场买进新鸡,防止带进病毒。并建立鸡出场(舍)就不再返回的制度。

④一旦发生鸡瘟,病鸡要坚决隔离淘汰,死鸡深埋。对全群没有临床症状的鸡,马上做预防接种。通常在接种1周后,疫情就能

得到控制，新病例就会减少或停止。

2. 鸡传染性法氏囊病

鸡传染性法氏囊病是对贵妃鸡威胁最大的疫病之一，鸡最易感，一年四季均可发生，在育雏阶段发病率最高，以 20～40 日龄多发。

(1)病因：传染性法氏囊病毒属呼肠孤病毒类。病鸡是主要的传染源，主要传染途径是消化道，也可以经呼吸道传染本病，近两年典型的法氏囊病较少见，多见的是由于免疫不当或法氏囊变异株及病毒毒力增强造成的部分鸡只发病。本病主要危害幼鸡，在 1 日龄时起可感染，1～12 周龄最易感，多发生于第 3～6 周龄。高度接触性传染，潜伏期很短。由于该病毒对法氏囊有高度的特异性，只有法氏囊有功能，才出现临床感染，所以成年鸡不发生此病。

(2)症状：本病发生突然，发病后下痢粪便呈白色水样。病鸡精神沉郁，食欲不振，羽毛松乱，出现震颤和步态不稳。发病率高，但死亡率比较低。本病一度流行后常呈隐性感染，在鸡群中长期存在。

(3)病理变化：最初法氏囊肿大到正常的 2 倍，呈严重的水肿和发红，也可能有出血。第 5 天开始消退，随之迅速萎缩，腔内黏液增加。胸腺小点状出血，盲肠扁桃体肿大出血。肝脏表面有黄色条纹，边缘常见有梗死。在鸡的腿部和胸肌、腺胃和肌胃交接处有出血斑点。

(4)诊断：根据流行病学、临床症状、病理变化的特点，现场都可以做正确的诊断。如 3～6 周龄雏鸡突然发病，病程短，传播迅速，高发病率，死亡集中。法氏囊初期肿大出血，后期萎缩等。但有母源抗体的鸡，其症状和病变可能不典型，可用琼脂扩散试验，荧光抗体试验，病毒中和试验及组织病理学检查。

要注意本病与球虫病、出血性综合征、新城疫、葡萄球菌感染、腺病毒感染加以区别。

(5)治疗:发病早期,注射抗鸡传染性法氏囊病的高免血清,具有较好的疗效,高免血清用量为每只雏鸡肌肉注射 0.5～1 毫升,通常一次即可。发病初期,最好全群鸡只注射,症状好转后,在注射血清后第 10 日用弱毒苗喷雾或饮水一次。

此外用抗传染性法氏囊病高免卵黄液,每雏肌肉注射 0.5～1 毫升。应用上述被动免疫治疗,一般注射后第二天鸡群症状明显好转。同时加强护理,充足饮水,给 5%糖盐水,保证鸡舍温度,减少应激。同时补喂多种维生素,尤其是维生素 A、维生素 D、维生素 B 等,也可应用速补-14,维康安保强等。

(6)预防

①加强饲养管理,保持进雏时间间隔,实行全进全出饲养制。做好清洁卫生及消毒工作,减少和避免各种应激因素等。

②应采用中等毒力的弱毒疫苗进行有效的免疫接种,使鸡获得特异性抵抗力,这是防制传染性法氏囊炎的最重要措施。首免在 18～20 日龄为宜,二免在 28～30 日龄,种鸡于 120～140 日龄再用油剂灭活苗注射 1 次,可使后代获得较高水平的母源抗体。

③适当降低饲料蛋白质含量(降低到 15%左右),提高维生素含量。适当提高鸡舍温度。饮水中加 5%的糖或补液盐,减少各种应激。对鸡舍和养鸡环境进行严格的消毒。有机碘制剂、氯制剂或甲醛溶液对本病病毒有较强的杀灭作用。

④对发病初期的病鸡和同群尚未表现出症状的鸡,都要使用法氏囊高免血清或高免卵黄抗体进行紧急预防和治疗,有较好的防治作用,并在 7～10 天后使用灭活疫苗接种一次。当有细菌混合感染时,要投服对症的抗生素控制继发感染。

3. 鸡马立克病

鸡马立克病是由鸡疱疹病毒引起鸡的一种最常见的淋巴细胞

增生性疾病，死亡率可达30％～80％，对养鸡业造成了严重威胁，是我国主要的禽病之一。

(1)病因：马立克病毒属于疱疹病毒的B亚群病毒。它们以两种形式存在，一种是未发育成熟的病毒，称为不完全病毒和裸体病毒。主要存在于肿瘤组织及白细胞中。此种病毒离开活体组织和细胞很容易死亡。另一种是发育成熟的病毒，称为完全病毒，对外界环境有强的抵抗力，存在于羽毛囊上皮细胞及脱落的皮屑中，对刚出壳的雏鸡有明显的致病力，能在新孵雏鸡、组织培养和鸡胚中繁殖。

(2)症状：经病毒侵害后，病鸡的表现方式可分为神经型、内脏型、眼型和皮肤型。

①神经型：马立克病由于病变部位不同，症状上有很大区别。坐骨神经受到侵害时，病鸡开始走路不稳，逐渐看到一侧或两侧腿瘸，严重时瘫痪不起，典型的症状是一只腿向前伸，一条腿向后伸的"劈叉"姿势。病腿部肌肉萎缩，有凉感，爪子多弯曲。翅膀的臂神经受到侵害时，病鸡翅膀无力，常下垂到地面，如穿大褂。当颈部神经受到损害时，病鸡脖子常斜向一侧，有时见大嗉囊，病鸡常蹲在一起张口无声地喘气。

②急性内脏型：马立克病可见病鸡呆立，精神不振，羽毛散乱，不爱走路，常蹲在墙角，缩颈，脸色苍白，拉绿色稀粪，但能吃食，一般15天左右即死去。

③眼型：马立克病病鸡一侧或两侧性眼睛失明。失明前多不见炎性肿胀，仔细检查时病鸡眼睛的瞳孔边缘呈不整齐锯齿状，并见缩小，眼球如"鱼眼"或"珍珠眼"、瞳孔边缘不整，在发病初期尚未失明就可见到以上情况，对早期诊断本病很有意义。

④皮肤型：马立克病病鸡退毛后可见体表毛囊腔形成结节及小的肿瘤状物，在颈部、翅膀、大腿外侧较为多见。肿瘤结节呈灰粉黄色，突出于皮肤表面，有时破溃。

(3)病理变化:内脏器官出现单个或多个淋巴性肿瘤灶,常发生在卵巢、肾、肝、心、肺、脾、胰等处。同时肝、脾、肾、卵巢肿大、比正常增大数倍,颜色变淡。卵巢肿瘤呈菜花状或脑样。腺胃肿大增厚、质坚实。法氏囊多萎缩、皱褶大小不等,不见形成肿瘤。坐骨神经、臂神经、迷走神经肿大比正常增粗 2～3 倍,神经表面银白色纹理和光亮全部消失,神经粗细不匀呈灰白色结节状。

(4)诊断:根据流行病学,临床症状和病理变化可做出诊断,用病鸡血清及羽髓做琼扩试验,阳性者可确诊。

(5)治疗:目前没有特效的治疗药物,防治关键是进行免疫接种。

(6)预防

①雏鸡出壳后立即注射马立克病疫苗,使用的疫苗要保证有效。

②加强饲养管理,喂给全价饲料,搞好环境卫生,严禁闲人和畜禽出入鸡舍,严防鼠、猫等进入鸡舍,减少应激。引种时从无马立克病群中引进,种蛋入孵前必须对孵化室与孵化机进行消毒,育雏室与育雏设备也要进行消毒;不同日龄的鸡不能混群,雏鸡应隔离饲养。

③定期搞好育雏室和育雏舍的彻底消毒、除尘,有条件的应采取密闭条件下育雏,防止早期感染。

④免疫接种的时间是 1 日龄。目前多用血清型火鸡疱疹病毒疫苗(HVT)接种。应在低温中保存,其稀释液在使用前也要预冷。疫苗稀释后要求在 2 小时内用完。使用时要保证足够的剂量,建议每雏使用 2 个免疫头份。

⑤出现单价苗免疫失败时,如果因母源抗体的影响,可改用血清型不同的疫苗,如果是由于鸡场马立克病毒污染严重或怀疑有超强毒马立克病毒存在,可用双价苗、多价苗或 CV1988 疫苗。

4. 鸡传染性支气管炎

鸡传染性支气管炎是一种急性高度传染性的呼吸道疾病。本病的死亡率可能不高，但在种鸡引起产蛋量降低，蛋的品质下降，小鸡生长发育不良，饲料利用率降低而造成重大的经济损失。

(1)病因：传染性支气管炎病毒属冠状病毒科冠状病毒属。本病毒对环境抵抗力不强，对普通消毒药过敏，对低温有一定的抵抗力。传染性支气管炎病毒具有很强的变异性，目前世界上已分离出30多个血清型。在这些毒株中多数能使气管产生特异性病变，但也有些毒株能引起肾脏病变和生殖道病变。

(2)症状：本病仅发生于鸡，其他家禽均不感染。各种年龄的鸡都可发病，但雏鸡最为严重，死亡率也高，一般以40日龄以内的鸡多发。本病主要经呼吸道传染，病毒从呼吸道排毒，通过空气的飞沫传给易感鸡。也可通过被污染的饲料、饮水及饲养用具经消化道感染。本病一年四季均能发生，但以冬春季节多发。鸡群拥挤、过热、过冷、通风不良、温度过低、缺乏维生素和矿物质，以及饲料供应不足或配合不当，均可促使本病的发生。

潜伏期1～7天，平均3天。由于病毒的血清型不同，鸡感染后出现不同的症状。

①呼吸型：病鸡无明显的前驱症状，常突然发病，出现呼吸道症状，并迅速波及全群。幼雏表现为伸颈、张口呼吸、咳嗽，有“咕噜”音，尤以夜间最清楚。随着病情的发展，全身症状加剧，病鸡精神萎靡，食欲废绝、羽毛松乱、翅下垂、昏睡、怕冷，常拥挤在一起。两周龄以内的病雏鸡，还常见鼻窦肿胀、流黏性鼻液、流泪等症状，病鸡常甩头。种鸡感染后产蛋量下降25%～50%，同时产软壳蛋、畸型蛋或砂壳蛋

②肾型：感染肾型支气管炎病毒后其典型症状分三个阶段。第1阶段是病鸡表现轻微呼吸道症状，鸡被感染后24～48小时开

始气管发出啰音，打喷嚏及咳嗽，并持续1～4天，这些呼吸道症状一般很轻微，有时只有在晚上安静的时候才听得比较清楚，因此常被忽视。第2阶段是病鸡表面康复，呼吸道症状消失，鸡群没有可见的异常表现。第3阶段是受感染鸡群突然发病，并于2～3天内逐渐加剧。病鸡挤堆、厌食，排白色稀便，粪便中几乎全是尿酸盐。

③腺胃型：近几年来有关腺胃型传支的报道逐渐增多，其主要表现为病鸡流泪、眼肿、极度消瘦、拉稀和死亡并伴有呼吸道症状，发病率可达100%，死亡率3%～5%不等。

(3)病理变化

①呼吸型主要病变见于气管、支气管、鼻腔、肺等呼吸器官。表现为气管环出血，管腔中有黄色或黑黄色栓塞物。幼雏鼻腔、鼻窦黏膜充血，鼻腔中有黏稠分泌物，肺脏水肿或出血。患鸡输卵管发育受阻，变细、变短或成囊状。种鸡的卵泡变形，甚至破裂

②肾型可引起肾脏肿大，呈苍白色，肾小管充满尿酸盐结晶，扩张，外形呈白线网状，俗称“花斑肾”。严重的病例在心包和腹腔脏器表面均可见白色的尿酸盐沉着。有时还可见法氏囊黏膜充血、出血，囊腔内积有黄色胶冻状物；肠黏膜呈卡他性炎变化，全身皮肤和肌肉发绀，肌肉失水。

③腺胃型腺胃肿大如球状，腺胃壁增厚，黏膜出血、溃疡，胰腺肿大，出血。

(4)诊断：根据流行特点、症状和病理变化，可作出初步诊断。进一步确诊则有赖于病毒分离与鉴定及其他实验室诊断方法。

(5)治疗：对传染性支气管炎目前尚无有效的治疗方法，人们常用中西医结合的对症疗法。由于实际生产中鸡群常并发细菌性疾病，故采用一些抗菌药物有时显得有效。

①对肾病变型传染性支气管炎的病鸡，采用口服补液盐、0.5%碳酸氢钠、维生素C等药物投喂能起到一定的效果。

②慢呼散加冷水煎汁半小时后，加入冷开水20～25千克作饮

水，连服5～7天。同时，每25千克饲料或50千克水中再加入盐酸吗啉胍原粉50克，效果更佳。

③每克强力霉素原粉加水10～20千克任其自饮，连服3～5天。

④每千克饲料拌入病毒灵1.5克、板蓝根冲剂30克，任雏鸡自由采食，少数病重鸡单独饲养，并辅以少量雪梨糖浆，连服3～5天，可收到良好效果。

⑤禽喘平、呼喘王等都有疗效。

(6)预防

①加强饲养管理，降低饲养密度，避免鸡群拥挤，注意温度、湿度变化，避免过冷、过热。加强通风，防止有害气体刺激呼吸道。合理配比饲料，防止维生素，尤其是维生素A的缺乏，以增强机体的抵抗力。

②适时接种疫苗。对呼吸型传染性支气管炎，首免可在7～10日龄用传染性支气管炎H120弱毒疫苗点眼或滴鼻；二免可于30日龄用传染性支气管炎H52弱毒疫苗点眼或滴鼻；开产前用传染性支气管炎灭活油乳疫苗肌肉注射每只0.5毫升。对肾型传染性支气管炎，可于4～5日龄和20～30日龄用肾型传染性支气管炎弱毒苗进行免疫接种，或用灭活油乳疫苗于7～9日龄颈部皮下注射。而对传染性支气管炎病毒变异株，可于20～30日龄、100～120日龄接种4/91弱毒疫苗或皮下及肌肉注射灭活油乳疫苗。

5. 鸡传染性喉气管炎

喉气管炎又常称为传染性喉气管炎，也有称为禽白喉的。本病在以前并没有引起贵妃鸡饲养者的足够重视。但近两年本病在许多地区广为流行，并造成鸡群大量死亡，成为威胁贵妃鸡生产的重要疫病。

两类。

①嗜神经型:其传播方式为垂直传播,主要侵害1～3周龄雏鸡,病初精神沉郁,随后发生运动失调,前后摇晃,有的瘫卧在地上,有的倒卧一侧,以后症状更为明显,很少活动,如受惊扰,行步动作不能控制。足向外弯曲难以行动,将两翅开展,以努力保持身体平衡,头颈震颤,步态不稳,最后呈侧卧瘫痪状态(有的颈部强直),最终衰竭而死。

②嗜肠型:以消化道感染为主,鸡群主要表现为长期持续排毒,一般不致病。成鸡感染可引起无任何症状的一过性产蛋下降,蛋重变小。

(3)病理变化:剖检可见大脑水肿,大脑后半部见有液囊,脑膜充血,并有浅黄绿色混浊的坏死区。后期死亡的鸡只,肝脏出现脂肪变性,脾脏稍肿,小肠轻度炎症。

(4)诊断:发生产蛋量下降的母鸡、其发病期间产下的后代雏鸡表现中枢神经紊乱等神经症状、病雏肉眼可见病理变化不甚明显,一般化学药物治疗无效等特征均有助于初诊。确诊需要经病毒分离、鉴定及血清学诊断。临床上应与新城疫、病毒性关节炎病相区别。

(5)治疗

①嗜神经型(引起雏鸡神经症状及较高死亡率):洛利美饮水,连用3～5天;欣独正或枝感欣拌料,连用3～5天;维他命金全天饮水,维生素E粉拌料,连用5～7天。

②种鸡隐性感染(引起不明原因产蛋下降):欣独正或枝感欣拌料,连用3～5天;紫黄抗独宁或热独舒饮水,连用3～5天。第二个疗程用金蛋源拌料,连用10～15天;维他命金全天饮水,连用5～7天。

(6)预防

①本病尚无药物治疗,主要是做好预防工作,不到发病鸡场引

进种蛋或种鸡，平时做好消毒及环境卫生工作。

②进行免疫接种，弱毒苗可饮水、滴鼻或点眼，在8～10周龄及产前4周进行接种；灭活油乳剂苗在开产前一个月肌肉注射，也可在10～12周龄接种弱毒苗，在开产前一个月再接种灭活苗，均具有很好的防制效果。

7. 鸡痘

鸡痘是由禽痘病毒引起的鸡的一种接触性传染病，雏鸡和育成鸡多发且较严重。病鸡是主要的传染来源，由于蚊虫叮咬可传播本病，本病以夏秋蚊虫多的季节多发。

(1)病因：鸡痘病毒随病鸡的皮屑及脱落的痘痂等散布在饲养环境中，经皮肤黏膜侵入其他鸡体，在创伤部位更易入侵。有些吸血昆虫，如蚊虫能够传带病毒，也是夏、秋季节本病流行的一个重要媒介。

(2)症状：本病自然感染的潜伏期为4～10天，鸡群常是逐渐发病。病程一般为3～5周，严重暴发时可持续6～7周。根据患病部位不同主要分为3种不同类型，即皮肤型、白喉型和混合型。

①皮肤型：在鸡的无毛部分，主要是冠、肉髯、眼皮和口角处，有一些鸡可能在胸腹部、翅、腿部，发生一种灰白色的小结节，很快增大变为黄色，并和相邻的结节相融合，形成大的痘疣，呈褐色，粗糙，突出于皮肤表面。痘疣数量不等，一般经2～3周脱落，鸡群没有明显的全身症状，个别鸡可能因痘疣影响采食和视力。

②白喉型：在口腔和咽喉部的黏膜上发生黄白色的小结节，稍突出于黏膜面，小结节迅速增大，并相互融合，形成一层黄白色干酪样的假膜，覆盖在黏膜上面，由于假膜的扩大和增厚，阻碍鸡的采食、饮水和呼吸，个别鸡只可能因窒息而死亡。

③混合型：皮肤型和白喉型症状同时发生，这种类型的死亡率较高。

(3)病理变化:除见局部的病理变化外,一般可见呼吸道黏膜、消化道黏膜卡他性炎症变化,有的可见有痘疱。

(4)诊断:根据皮肤、口腔、喉、气管黏膜出现典型的痘疹,即可做出诊断。

(5)治疗

①对症治疗:皮肤型的可用消毒好的镊子把患部痂膜剥离,在伤口上涂一些碘酒或甲紫;黏膜型的可将口腔和咽部的假膜斑块用小刀小心剥离下来,涂抹碘甘油(碘化钾 10 克,碘片 5 克,甘油 20 毫升,混合搅拌,再加蒸馏水至 100 毫升)。剥下来的痂膜烂斑要收集起来烧掉。眼部内的肿块,用小刀将表皮切开,挤出脓液或豆渣样物质,使用 2%硼酸或 5%蛋白银溶液消毒。

②除局部治疗外,每千克饲料加土霉素 2 克,连用 5～7 天,防止继发感染。

(6)预防

①预防接种:本病可用鸡痘疫苗接种预防。10 日龄以上的雏鸡均可以接种,免疫期幼雏 2 个月,较大的鸡 5 个月。刺种后 3～4 天,刺种部位应微现红肿,结痂,经 2～3 周脱落。

②严格消毒:要保持环境卫生,经常进行环境消毒,消灭蚊子等吸血昆虫及其孳生地。发病后要隔离病鸡,轻者治疗,重者捕杀并与病死鸡一起深埋或焚烧。污染场地要严格清理消毒。

8. 鸡减蛋综合征

减蛋综合征是一种以引起青年母鸡产蛋量和蛋的品质下降为特征的接触性传染病。本病在以前未被发现,只是在近年才在国内新近认识,对贵妃鸡种鸡同样会引起发病。

(1)病因:本病已证实是由鸭腺病毒引起的,鸭腺病毒是禽腺病毒的一种,禽腺病毒会引起轻度或亚临床的呼吸道症状、肝炎、贫血和产蛋下降等,因此,此病应称为禽腺病毒感染。

鸭腺病毒如何传播给鸡还不知道，鸡对鸡是直接传染的，被污染的饲料、饮水和工具等是传播本病的媒介。感染的母鸡还可以通过蛋传递给雏鸡。

(2)症状：发病鸡群的临床症状并不明显，发病前期可发现少数鸡腹泻，个别呈绿便，部分鸡精神不佳，闭目似睡，受惊后变得精神。有的鸡冠表现苍白，有的轻度发紫，采食、饮水略有减少，体温正常。发病后鸡群产蛋率突然下降，每天可下降2%～4%，连续2～3周，下降幅度最高可达30%～50%，以后逐渐恢复，但很难恢复到正常水平或达到产蛋高峰。在开产前感染时，产蛋率达不到高峰。蛋壳褪色(褐色变为白色)，产异形蛋、软壳蛋、无壳蛋的数量明显增加。

(3)病理变化：本病基本上不死鸡，病死鸡剖检后病变不明显。剖检产无壳蛋或异状蛋的鸡，可见其输卵管及子宫黏膜肥厚，腔内有白色渗出物或干酪样物，有时也可见到卵泡软化，其他脏器无明显变化。

(4)诊断：凡有产无壳蛋、软壳蛋、破壳蛋及褐壳蛋褪色等异常蛋的数量增加，产蛋率突然下降，即可怀疑为本病。确诊应进行实验室检查。

(5)治疗：5～7天的维生素和电解质补充物对本病有辅助疗效，抗生素可防止继发感染。

(6)预防

①未发生本病的鸡场应保持本病的隔离状态，严格执行全进全出制度，绝不引进或补充正在产蛋的鸡，不从有本病的鸡场引进雏鸡和种蛋。注意防止从场外带进病原污染物。

②种鸡18周龄可用BG14毒株油剂甲醛苗，肌肉或皮下接种0.5毫升，15天后产生免疫力，免疫期12～16周。种鸡应在开产前2周用EDS-76、BD-127株和鸡新城疫灭活二联油佐剂苗。鸡场免疫接种初免在产前4～10周，二免于产前3～4周，实践证明

效果好。

9. 禽霍乱

禽霍乱又叫鸡巴氏杆菌病、鸡出血性败血病，是一种细菌性传染病。此病具有发病快、发病率高、死亡率高的特点，近年来已成为危害贵妃鸡的重要传染病。

(1)病因：巴氏杆菌是本病的致病源。病鸡的尸体、粪便、分泌物和被污染的用具、土壤、饮水和饲料等会有大量病菌，是传染鸡霍乱的主要媒介。病菌通过呼吸道、消化道、皮肤外伤以及扬尘等途径传染给健康的鸡。昆虫也可以传播病菌。有时一些健康鸡的呼吸道存在有病菌，但并不一定发病，只是在管理不当，或天气突然发生变化时，病菌才起作用，引起发病。

(2)症状：一般情况下，感染该病后约2～5天才发病。

①最急型：无明显症状，突然死亡，高产营养良好的鸡容易发生。

②急性型：鸡精神和食欲不佳，鸡冠肉垂暗紫红色，饮水增多，剧烈腹泻，排绿黄色稀粪。嘴流黏液，呼吸困难，羽毛松乱，缩颈闭眼，最后食欲废绝，衰竭而死。病程1～3日，死亡率很高。

③慢性型：多在流行后期出现，常见肉垂，关节趾爪肿胀。

(3)病理变化

①最急性型常见本病流行初期，剖检几乎见不到明显的病变，仅冠和肉垂发绀，心外膜和腹部脂肪浆膜有针尖大出血点，肺有充血水肿变化。肝肿大表面有散在小的灰白色坏死点。

②急性型剖检时尸体营养良好，冠和肉垂呈紫红色，嗉囊充满食物。皮下轻度水肿，有点状出血，浆液渗出。心包腔积液，有纤维素心包炎，心外膜出血，尤以心冠和纵沟处的外膜出血，肠浆膜、腹膜、泄殖腔浆膜有点状出血。肺充血水肿有出血性纤维素性肺炎变化。脾一般不肿大或轻度肿大、柔软。肝肿大，质脆，表面有

针尖大的灰白色或灰黄色的坏死点，有时见有点状出血。胃肠道以十二指肠变化最明显，为急性、卡他性或出血性肠炎，黏膜肿胀暗红色，有散在或弥漫性出血点或出血斑。肌胃与腺胃交界处有出血斑。产蛋贵妃鸡卵泡充血、出血。

③慢性型肉垂肿胀坏死，切开时内有凝固的干酪样纤维素块，组织发生坏死干枯。病变部位的皮肤形成黑褐色的痂，甚至继发坏疽。肺可见慢性坏死性肺炎。

(4)诊断：本病根据流行特点、典型症状和病变，一般可以确诊，必要时可进行实验室检查。

(5)治疗

①在饲料中加入 0.5%～1%的磺胺二甲基嘧啶粉剂，连用 3～4 天，停药 2 天，再服用 3～4 天；也可以在每 1000 毫升饮水中，加 1 克药，溶解后连续饮用 3～4 天。

②在饲料中加入 0.1%的土霉素，连续服用 7 天。

③在饲料中加入 0.1%的氯霉素，连用 5 天，接着改用喹乙醇，按 0.04%浓度拌料，连用 3 天。使用喹乙醇时，要严格控制剂量和疗程，拌料要均匀。

④对病情严重的鸡可肌肉注射青霉素或氯霉素。青霉素，每千克体重 4～8 万单位，早晚各 1 次；氯霉素，每千克体重 20 毫克。

⑤服用禽康灵（巴豆霜、乌蛇、明雄按 4∶2∶1 比例，研末混匀）。3 月龄鸡每 20～50 只用药 1 克，成鸡每 5～10 只用 1 克，均为每天 1 次服，重者首次可加倍剂量。

(6)预防

①切实做好卫生消毒工作，防止病原菌接触到健康鸡。做好饲养管理，使鸡只保持有较强的抵抗力。

②在鸡霍乱流行严重地区或经常发生的地区，可以进行预防接种。目前使用的主要是禽霍乱菌苗。2 月龄以上的鸡，每只肌肉注射 2 毫升，注射后 14～21 天可产生免疫力。这种疫苗免疫期

仅 3 个月左右。若在第一次注射后 8～10 天再注射一次，免疫力可以提高且延长。但这种疫苗的免疫效果并不十分理想。

③在疫区，鸡只患病后，可以采用喹乙醇进行治疗。按每千克体重 20～30 毫克口服，每日 1 次，连续服用 3～5 天；或拌在饲料内投喂，一天 1 次，连用 3 天，效果较好。

④肌肉注射水剂青霉素或链霉素，每只鸡每次注射 2 万～5 万国际单位，每天二次，连用 2～3 天，进行治疗。或在大群鸡患病时，采用青霉素饮水，每只鸡每天 5000～10 000 国际单位，饮用 1～3 天为宜。

⑤利用磺胺二甲基嘧啶、磺胺嘧啶等，以 0.5%的比例拌在饲料中进行饲喂。但此法会影响贵妃鸡产蛋量。

⑥病死的鸡要深埋或焚烧处理。

10. 鸡伤寒

鸡伤寒是由鸡伤寒沙门菌所引起的败血性传染病，主要危害 6 个月龄以下的鸡，也会引起雏鸡发病。

(1)病因：病原体为肠杆菌科的禽伤寒沙门菌，革兰阴性菌。

(2)症状：潜伏期 3～4 日，病程 4～10 日，初期可出现突然死亡的最急性型病鸡，然后可出现急性型，其病鸡精神萎顿、离群食欲减退或废绝，羽毛蓬乱，两翅下垂，行动摇摆，体温 43～44℃，口渴、腹泻、排淡黄至绿色稀粪，可混有血液，鸡冠变为暗红色至贫血状为本病典型症状。

急性经过的病程 5 日，也有发病 3 日后死亡的，慢性型病程可达数周。不久呈现下痢、消瘦、产蛋减少、贫血等症状，康复者成为带菌鸡。

雏鸡发病主要是精神沉郁，食欲不佳，增重慢，拉白色稀粪，呼吸困难，病死率达 10%～60%。

(3)病理变化：最急性型，病变轻微，见不到典型病变。急性型肝肾肿大呈暗红色，亚急性和慢性型，肝肿大呈绿棕色或古铜色，质地脆弱，肝实质和心肌有灰白色小坏死灶，小肠黏膜弥漫性出血，盲肠内有土黄色奶酪样栓塞形成，母鸡卵子出血，变形，色彩异常，常见卵黄性腹膜炎和卡他性肠炎，公鸡睾丸有坏死灶，雏鸡卵黄吸收不良，呈褐棕色。

(4)诊断：根据腹泻、排黄绿色稀便、肝脏显著肿大呈古铜色等具有特征性的症状和病变，结合其他病变及流行特点综合分析，可以对本病作出初步诊断。但本病与鸡白痢、副伤寒较难区别，最后确诊需进行实验室检查。

(5)治疗：除应用痢特灵、氯霉素外可用复方敌菌净、磺胺二甲嘧啶和沙星类药物等，发病初期可用庆大霉素、卡那霉素，30～40毫克/千克体重，注射1～2日后，继续用其他药物投入饲料或饮水中，服药4～5日为一疗程。

(6)预防：防治本病方法基本同白痢，可参照执行。目前有禽伤寒9R株弱毒疫苗，6周龄首免，16～18周龄二免。疫苗稀释立即使用，限2小时内用完。

11. 鸡白痢

鸡白痢是贵妃鸡的最常见的传染病，由鸡白痢沙门杆菌引起的。由于种鸡群没有采用血清凝集反应剔除感染鸡只，可以说几乎所有贵妃鸡都患有鸡白痢，只是感染程度不同而已。

本病可以在鸡群中不断地世代相传，常菌种蛋在孵出小鸡的同时污染其他雏鸡，病雏长大或传播引起成年鸡隐性感染，再产出带菌的种蛋，如此往复传染。

(1)病因：白痢是沙门菌引起的传染病，主要侵害雏鸡。病鸡和带菌鸡是本病的主传染源。应激因素，抵抗力下降，鸡群过度拥挤、潮湿，育雏温度过底，通风不良都可诱发本病。成年鸡以局部和慢性感染较常见，经卵垂直传播是本病最常见的传播方式。

(2)症状:卵内感染者,在孵化中出现死胚,或病雏出壳后1～2天内死亡;也有健康带菌者至7～10日龄才发病,14～20日龄时达到死亡高峰,呈急性者无症状死亡,稍缓者表现张口呼吸不久死亡。一般病雏迟钝、紧靠热源处聚集成团、不食、两翅下垂、闭眼缩头、姿态异常,有些病雏拉粉白色或绿色的黏性大便,附在肛门周围,俗称糊屁股。幸存者有不少发育不良,羽毛不丰,和同群内的雏鸡体重相差悬殊,病愈雏鸡长成后多数成为慢性患者和带菌者。

(3)病理变化:在育雏器内早期死亡的雏鸡无明显病理变化,仅见肝肿大、充血、有条纹状出血,其他脏器充血,卵黄囊变化不大,病程稍长卵黄吸收不良,内容物如油脂状或干酪样,在心肌、肺、肝、盲肠、大肠及肌胃内有坏死灶或结节。有些病例有心外膜炎,肝有点状出血或坏死点,胆囊胀大、脾肿大、肾充血或贫血,输尿管中充满尿酸盐而扩张,盲肠中有干酪样物质堵塞肠腔,有时还混有血液。

(4)诊断:一般根据临床症状即可作初步诊断。

(5)治疗:新接回的雏鸡用杨乳氧氟沙星并配合速达菌毒清饮水,预防白痢的发生,且具有补充体液,增强体质的功效。临床上本病药物较多,如呋喃唑酮、土霉素、金霉素等都能取得较好效果。

①呋喃唑酮(痢特灵)按0.03%～0.04%的比例拌在饲料里,即10千克饲料加4克;连喂5～7天,也可用0.02%的比例作为初接雏鸡的预防。幼雏对呋喃唑酮比较敏感,应用时必须充分混合,以防中毒。

②土霉素、金霉素或四环素按0.1%～0.2%的比例拌在饲料里,连喂7天为一疗程。预防量可按0.04%～0.08%的比例拌在饲料里。

③青霉素、链霉素按每只鸡5000～10 000国际单位作饮水或气雾治疗,预防量为2000～4000国际单位,一般5～7天为一疗程,初生雏鸡药量减半。

(6)预防

①通过对种鸡群检疫,定期严格淘汰带菌种鸡,建立无鸡白痢种鸡群是消除此病的根本措施。

②搞好种蛋消毒,做好孵化厅、雏鸡舍的卫生消毒,初生雏鸡以每立方米 15～20 毫升福尔马林,加 7～10 毫克的高锰酸钾进行熏蒸消毒。

③育雏鸡时要保证舍内恒温做好通风换气,鸡群密度适宜,喂给全价饲料,及时发现病雏鸡,隔离治疗或淘汰,杜绝鸡群内的传染等。

④目前雏育鸡阶段,都在 1 日龄开始投予一定数量的生物防治制剂,如促菌生、调痢生、乳康生等,对鸡白痢效果常优于一般抗菌药物,对雏鸡安全,成本低。此外也可用抗生素类药,连用 4～6 日为一疗程。常用药物,氯霉素 0.2%拌料,连给 4～5 日;呋喃唑酮 0.02%拌料,连服 6～7 日;诺氟沙星或吡哌酸 0.03%拌料或饮水。

12. 鸡大肠杆菌病

鸡大肠杆菌病是一种以大肠埃希菌为原发性或继发性病原的传染病,是 2 周龄以下鸡的地方性流行传染病。

(1)病因:为埃希大肠杆菌,在自然界分布极广,并长期存在于健康的鸡体内,为革兰阴性菌。贵妃鸡生产存在栏舍卫生条件较差,大肠杆菌病在鸡群中反复发生而造成的。

(2)症状:大肠杆菌感染情况不同,出现的病情就不同。

①气囊炎:多发病于 5～12 周龄的幼鸡,6～9 周龄为发病高峰。病鸡精神沉郁,呼吸困难、咳嗽,有湿啰音,常并发心包炎、肝周炎、腹膜炎等。

②脐炎:主要发生在新生雏,一般是由大肠杆菌与其他病菌混合感染造成的。感染的情况有两种,一种是种蛋带菌,使胚胎的卵

黄囊发炎或幼雏残余卵黄囊及脐带有炎症;另一种是孵化末期温度偏高,生雏提前,脐带断痕愈合不良引起感染。病雏腹部膨大,脐孔不闭合,周围皮肤呈褐色,有刺激性恶臭气味,卵黄吸收不良,有时继发腹膜炎。病雏 3～5 天死亡。

③急性败血症:病鸡体温升高,精神萎靡,采食锐减,饮水增多,有的腹泻,排泄绿白色或黄色稀便,有的死前出现仰头、扭头等神经症状。

④眼炎:多发于大肠杆菌败血症后期。患病侧眼睑封闭,肿大突出,眼内积聚脓液或干酪样物。去掉干酪样物,可见眼角膜变成白色、不透明,表面有黄色米粒大坏死灶。

(3)病理变化:病鸡腹腔液增多,腹腔内各器官表面附着多量黄白色渗出物,致使各器官粘连。特征性病变是肝脏呈绿色和胸肌充血,有时可见肝脏表面有小的白色病灶区。盲肠、直肠和回肠的浆膜上见有土黄色脓肿或肉芽结节,肠粘连不能分离。

(4)诊断:本病常缺乏特征性表现,其剖检变化与鸡白痢、伤寒、副伤寒、慢性呼吸道病、病毒性关节炎、葡萄球菌感染、新城疫、霍乱、马立克病等不易区别,因而根据流行特点、临床症状及剖检变化进行综合分析,只能作出初步诊断,最后确诊需进行实验室检查。

(5)治疗:用于治疗本病的药物很多,其中恩诺沙星、先锋霉素、庆大霉素可列为首选药物。由于致病性埃希大肠杆菌是一种极易产生抗药性的细菌,因而选择药物时必须先做药敏试验并需在患病的早期进行治疗。因埃希大肠杆菌对四环素、强力霉素、青霉素、链霉素、卡那霉素、复方新诺明等药物敏感性较低而耐药性较强,临床上不宜选用。在治疗过程中,最好交替用药,以免产生抗药性,影响治疗效果。

①用恩诺沙星或环丙沙星饮水、混料或肌肉注射。每毫升5%恩诺沙星或 5%环丙沙星溶液加水 1 千克(每千克饮水中含药

约 50 毫克)，让其自饮，连续 3～5 天；用 2%的环丙沙星预混剂 250 克均匀拌入 100 千克饲料中(即含原药 5 克)，饲喂 1～3 天；肌肉注射，每千克体重注射 0.1～0.2 毫升恩诺沙星或环丙沙星注射液，效果显著。

②用庆大霉素混水，每千克饮水中加庆大霉素 10 万单位，连用 3～5 天；重症鸡可用庆大霉素肌肉注射，幼鸡每次 5000 单位/只，成鸡每次 1 万～2 万单位/次，每天 3～4 次。

③用氯霉素粉按 0.05%浓度混料，连喂 5～7 天。

④用壮观霉素按 31.5×10^{-6}浓度混水，连用 4～7 天。

⑤用痢特灵按 0.04%浓度混料，连喂 5 天。

⑥用强力抗或灭败灵混水。每瓶强力抗药液 15 毫升，加水 25～50 千克，任其自饮 2～3 天，其治愈率可达 98%以上。

⑦用 5%诺氟沙星预混剂 50 克，加入 50 千克饲料内，拌匀饲喂 2～3 天。

(6)预防

①搞好孵化卫生及环境卫生，对种蛋及孵化设施进行彻底消毒，防止种蛋的传递及初生雏的水平感染。

②加强雏鸡的饲养，适当减少饲养密度，注意控制鸡舍、湿度、通风等环境条件，尽量减少应激反应。在断喙、接种、转群等造成鸡体抗病力下降的情况下，可在饲料中添加抗生素，并增加维生素与微量元素的含量，以提高营养水平，增强鸡体的抗病力。

③在雏鸡出壳后 3～5 日龄及 4～6 日龄分别给予 2 个疗程的抗菌类药物可以收到预防本病的效果。

④大肠杆菌的不同血清型没有交叉免疫作用，但对同一菌型具有良好的免疫保护作用，大多数鸡经免疫后可产生坚强的免疫力。因此，对于高发病地区，应分离病原菌作血清型(菌型)的鉴定，然后依型制备灭活铝胶苗进行免疫接种。种鸡免疫接种后，雏鸡可获得被动保护。菌苗需注射 2 次，第一次注射在第 13～15 周

龄，第二次注射在 17～18 周龄，以后每隔 6 个月进行一次加强免疫注射。

13. 鸡慢性呼吸道病

鸡慢性呼吸道病由于其发病较慢，病程长，在鸡群中反复蔓延，造成鸡只生长不良，饲料报酬下降，鸡群抵抗力减弱，并发继发性感染等，严重威胁贵妃鸡的生产效益，应引起十分重视。

(1)病因：慢性呼吸道病又称鸡霉形体病。病原是败血霉体，革兰染色呈弱阴性，病原对外界环境的抵抗力不强，一般消毒药都能很快有效地杀灭。

各种年龄的鸡群都能感染本病，但以 1～2 月龄雏鸡多见，在寒冷季节、鸡群拥挤、鸡舍通风不良等应激因素影响下，最易发生流行，且使病情加重，死亡增加。带菌鸡与正常鸡的直接接触和排出体外的飞沫、污染的饮水和饲料是传播本病的主要途径，也能通过蛋传递。本病多呈慢性经过，病程一般长达一个月以上，病的严重程度差异很大，如果并发大肠杆菌或其他疫病感染，病情可很严重，死亡率可达到 30%以上。

(2)症状：本病的潜伏期为 10～21 天，发病时主要呈慢性经过，其病程常在 1 个月以上，甚至达 3～4 个月，病情表现为“三轻三重”，即用药治疗时轻些(症状可消失)，停药较久时重些(症状又较明显)；天气好时轻些，天气突变或连阴时重些；饲养管理良好时轻些，反之重些。

幼龄病鸡表现食欲减退，精神不振，羽毛松乱，体重减轻，鼻孔流出浆液性、黏液性直至脓性鼻液。排出鼻液时常表现摇头、打喷嚏等。炎症波及周围组织时，常伴发窦炎、结膜炎及气囊炎。炎症波及下呼吸道时，则表现咳嗽和气喘，呼吸时气管有啰音，有的病例口腔黏膜及舌背有白喉样伪膜，喉部积有渗出的纤维素，因此病鸡常张口伸颈吸气，呼气时则低头，缩颈。后期渗出物蓄积在鼻腔和眶下窦，引起眼睑肿胀。病程较长的鸡，常因结膜炎导致浆液性直至脓性渗出，将眼睑黏住，最后变为干酪样物质，压迫眼球并使之失明。产贵妃鸡感染时一般呼吸症状不明显，但产蛋量和孵化率下降。

2月龄以内的幼鸡感染发病时，其直接死亡率与治疗、护理有很大关系，一般在5%～10%，成年鸡感染时很少出现死亡。

(3)病理变化：病变主要在呼吸器官。鼻腔中有多量淡黄色混浊、黏稠的恶臭味渗出物。喉头黏膜轻度水肿、充血和出血，并覆盖有多量灰白色黏液性或脓性渗出物。气管内有多量灰白色或红褐色黏液。病程较长的病例气囊壁混浊、肥厚，表面呈球状，内部有黄白色干酪样物质。有的病例可见一定程度的肺炎病变。严重病例在心包膜、输卵管及肝脏出现炎症。

(4)诊断：凭临床症状和剖检病变要作出诊断是比较困难的，特别要注意与传染性支气管炎、传染性喉气管炎和传染性鼻炎的区别。确诊可通过血清凝集法和血细胞凝集抑制试验。

(5)治疗：用于治疗本病的药物很多，除青霉素(因支原体无完整的细胞壁)外，其他抗菌类药物，如链霉素、土霉素、四环素、红霉素、卡那霉素、强力霉素、庆大霉素、环丙沙星、氟哌酸等均有疗效。

由于支原体易产生抗药性，长期使用单一的药物，往往效果不好。在使用时药量一定要足，疗程不宜太短，一般要连续用药3～7天，且最好是几种药物轮换使用或联合使用。

①链霉素饮水，每千克饮水中加100万单位，连用5～7天。重病鸡挑出，每日肌肉注射链霉素2次，成鸡每次20万单位，2月龄幼鸡每次8万单位，连续2～3天，然后放回大群参加链霉素大群饮水。

②北里霉素混水，每千克饮水中加北里霉素可溶性粉剂0.5克，连用5天。

③卡那霉素混水，每千克饮水中加150～200毫克，连用5天。

④强力霉素混料，每千克饲料中加100～200毫克，连用5天。

⑤复方泰乐霉素混水，每千克饮水中加2克，连用5天。

⑥恩诺沙星或环丙沙星混水，每千克饮水加0.05克原粉，连用2～3天。

⑦禽喘灵混料，每千克饲料加0.5克，连用5天。

(6)预防

①对种鸡群进行血清学检查，淘汰阳性鸡，以防止垂直传染。

②对感染过本病的种鸡，每半月至1月用链霉素饮水1天，每只鸡30～40万单位，对减少种蛋中的病原体有一定作用。

③种蛋入孵前在红霉素溶液(每千克清水中加红霉素0.4～1克，须用红霉素针剂配制)中浸泡15～20分钟，对杀灭蛋内病原体有一定作用。

④雏鸡出壳时，每只用2000单位链霉素滴鼻，或结合预防白痢，在1～5日龄用庆大霉素饮水，每千克饮水加8万单位。

⑤对生产鸡群，甚至被污染的鸡群可普遍接种鸡败血支原体油乳灭活苗。7～15日龄的雏鸡每只颈背部皮下注射0.2毫升；成年鸡颈背部皮下注射0.5毫升。无不良反应，平均预防效果在80%左右。注射菌苗后15日开始产生免疫力，免疫期约5个月。

14. 鸡传染性鼻炎

贵妃鸡肉鸡较少单独发生传染性鼻炎，偶有发生其危害性也较小，但本病传播快，常和其他疾病(如禽霍乱、喉气管炎、支气管炎、慢性呼吸道病)同时出现，造成发病率高，流行时间长，使鸡群生长不良，种鸡产蛋量显著下降。

(1)病因：本病的病原是一种细小的、革兰阴性的鸡嗜血杆菌，病菌离开鸡体后的抵抗力很弱，主要通过直接接触和飞沫传染，也可通过饮水和饲料传染。本病的流行以秋冬季节多见，饲养管理条件改善可减少本病的发生。

(2)症状:症状主要见流鼻液,眼睑肿胀,结膜炎,甚至造成失明,鼻内流出浆液性或黏液性分泌物,有臭味,黏液干燥后在鼻孔周围结痂,病鸡常用爪抓搔鼻嘴。喷嚏,呼吸困难。小鸡生长不良,种鸡产蛋严重下降。

(3)病理变化:剖检可见,鼻腔和鼻窦黏膜充血、肿胀,表面有大量黏液和渗出物的凝块。眼结膜充血肿胀,面部和肉髯皮下水肿。在该病流行过程中死亡的鸡只,多数是由于混合感染和继发感染所致。有时可能为多种混合感染所致,使病情更加复杂化。

(4)诊断:根据眼睑和面部肿大、结膜炎、鼻孔流鼻液等症状应注意为本病,确诊须作实验室检验。

(5)治疗:治疗可先用下列一种或几种药物。

①链霉素每只成鸡肌肉注射 0.15～0.2 克(一瓶 1 克装的可注射 5～6 只鸡),同时配合滴鼻,连用 2～3 天。

②氯霉素按 0.2%剂量混入饲料喂服。

③磺胺二甲氧嘧啶(SDM)按 0.1%～0.2%混入饲料中喂服,或按 0.05%浓度饮水,连用 3～4 天。

④氟哌酸按 0.1%剂量混入饲料喂服,连用 5 天。

⑤喹乙醇每 100 千克饲料加本品 3 克,长期服用,治疗量每千克体重内服 20～30 毫克,每天 1 次,连服 2～3 天。

其他抗生素如磺胺类等抗菌药物也都有效。

(6)预防

①加强饲养管理改善鸡舍通风条件,降低环境中氨气含量,执行全进全出的饲养制度,空舍后彻底消毒并间隔一段时间才可进新鸡群,搞好鸡舍内外的兽医卫生消毒工作,这些措施在防治本病上有重要意义。

②接种疫苗。目前国内使用的疫苗有 A 型油乳剂灭活苗和 A、C 型二价油乳剂灭活苗,25～40 日龄进行首免,每只鸡注射 0.3 毫升,二免在 110～120 日龄进行,每只注射 0.5 毫升,可以保

护整个产蛋周期。疫区鸡群在注射免疫时使用抗生素 5～7 天，以防带菌鸡发病。也可用国外的单价或双价氢氧化铝灭活苗和新城疫-鼻炎二联苗。

15. 禽流感

禽流感又称真性鸡瘟或欧洲鸡瘟，其特征为鸡群突然发病，表现精神萎靡，食欲消失，羽毛松乱，成年母鸡停止产蛋，并发现呼吸道、肠道和神经系统的症状，皮肤水肿呈青紫色，死亡率高，对鸡群危害严重。

(1)病因：是由 A 型禽流感病毒引起的一种急性、高度致死性传染病。本病传染源主要是感染或发病的禽类，病鸡的粪便中含有大量病毒。临床常见与新城疫、大肠杆菌等其他病混合感染。

(2)症状：潜伏期 1～3 日，症状复杂多样，与病毒毒力、机体抵抗力有关。

①最急性型：多无出现明显症状，突然死亡。

②急性型：精神不振，食欲减少，闭眼昏睡，头、面部浮肿，眼结膜充血、流泪，鸡冠、肉髯肿胀黑紫色，出血坏死，鼻孔流黏液或带血分泌物，咳嗽摇头，气喘，呼吸困难。脚鳞呈蓝紫色，下痢排绿色粪便，两翼张开，出现抽搐等神经症状，死亡率达 60%～75%。有的毒株对产贵妃鸡群、育成鸡，一般不表现临床症状，发病鸡群产蛋率下降 20%～60%。

(3)病理变化：鸡发生高致病性禽流感，其病理剖检可见气管黏膜充血、水肿、气管中有多量浆液性或干酪样渗出物。气囊壁增厚，混浊，有时见有纤维素性或干酪样渗出物。消化道表现为嗉囊中积有大量液体，腺胃壁水肿、乳头肿胀、出血、肠道黏膜为卡他性出血性炎症。卵泡变形坏死、萎缩或破裂，形成卵黄性腹膜炎，输卵管黏膜发炎，输卵管内见有大量黏稠状脓样渗出物。其他脏器肝、脾、肾、心、肺多呈瘀血状态，或有坏死灶形成。

(4)诊断:典型的病史、症状、病变可能使人怀疑本病,但确诊须通过病毒分离鉴定和血清学检查。

(5)治疗:肉鸡和青年鸡可采用速效感康与新型支灵冲剂配合、抗毒灵口服液与奥福欣结合进行对症治疗,有效率达98%,在发病的初期使用,效果更佳。

(6)预防:鸡场一旦发生本病,应严格封锁,就地捕杀焚烧场内全部鸡群,对场地、鸡舍、设备、衣物等严格消毒。消毒药物可选用0.5%过氧乙酸、2%次氯酸钠,甚至甲醛及火焰消毒。经彻底消毒2个月后,可引进血清学阴性的鸡饲养,如其血清学反应持续为阴性时,方可解除封锁。

16. 鸡球虫病

鸡球虫病是由艾美尔属的各种球虫寄生于鸡的肠道引起的疾病,对雏鸡危害极大,死亡率高,是肉鸡生产中的常见多发病,在潮湿闷热的季节发病严重,是养鸡业一大危害。

(1)病因:球虫病是由文美球虫引起的,艾美球虫有9种,以柔嫩艾美和毒害艾美球虫的致病力最强,其余的致病力较小,各种艾美球虫寄生在肠的不同区域的肠上皮细胞内,当他们大量繁殖时,破坏了肠黏膜的完整性,引起肠管发炎和上皮细胞的崩解,消化机能发生障碍,营养物质吸收不良,而且大量出血,崩解的上皮细胞会产生毒素,引起自体中毒,并因肠黏膜的完整性破坏,其他病原微生物易于侵入,引起继发感染。

球虫病的唯一传播途径就是鸡吃入球虫的孢子卵囊,在鸡的肠黏膜内完成各阶段的发育史后,随着粪便排出体外,污染饮水和饲料等,如此往复循环。因此,笼养或网(栅)上饲养的鸡群可减少球虫病的爆发。球虫卵囊的生存条件是充足的湿度、氧气和适当的温度,许多球虫病的爆发都与潮湿的垫料、挤拥、卫生条件差、饲养管理不善有密切关系。